JN202809

SCIENCE

岩波科学ライブラリー 276

「おしどり夫婦」ではない鳥たち

濱尾章二

岩波書店

はしがき

この本は鳥の繁殖に関わる生態を、オスとメスの関係を中心に、最新の研究から紹介したものです。

鳥のオスとメスは「おしどり夫婦」と言われるように、仲睦まじく協力し合って子育てをするというイメージをもたれがちです。しかし、それは人の目を通した見方に過ぎません。また、テレビの自然番組では、鳥たちは種が繁栄するように振る舞っているとか、種にとって有利な習性が進化すると説明されることがあります。これもまったくの誤解です。

私は、鳥の繁殖に関わる行動や生態を研究しています。1羽1羽を区別できるように色足環(いろあしわ)を付け、つがいができるところから子育て、ときにはつがい相手の変更(離婚や再婚)の過程などを観察してきました。このように研究者が徹底的に調査をしていくと、単独では子を残すことができない雌雄が互いに異性を利用して自分の子孫を残していると言ったほうがよい真の姿が見えてきます。

生物の進化は、少しでも多くの子を残す性質に味方します。もし、集団の中にほかの個体よりも多くの子を残すことができる性質をもつ個体が生じると、その子孫は集団の中でだんだん割合を増していき、最終的には皆がその性質をもつようになっていくからです。たとえ人間には利己的に思える行動や生態であっても、その個体が多くの子を残すことになるのならば、その性質は進化します。種にとって有利か不利かとは関係なく、個体にとって自分の子を多く残す性質であることが、進化においては重要なのです。

この本では、不倫や浮気、子殺し、雌雄の産み分けなど、一般にはあまり知られていない鳥たちの生態を取り上げます。そのとき、興味深い鳥の生態を紹介するとともに、それが進化の中で形作られてきたこと、環境に適応してうまくできていることをお伝えしたいと思います。

鳥たちは野生動物として厳しい環境の中で生きています。スズメなどの小鳥では、産み落とされた卵のうち成鳥となって繁殖できるのは1割程度、そして成鳥も毎年半数ほどが死んでいくという世界です。厳しい進化の圧力のもと、子を残すうえで少しでも有利になる性質をもつものの子孫だけが、ふるいにかけられるように生き残り命をつないでいくのです。

「おしどり夫婦」のイメージは、いわば虚像です。利己的に見えることもある真の姿を知ってこそ、鳥のオスとメスの関係を理解することができます。この本を通して、鳥の行動や生態が同性のライバルや異性を含む周囲の環境に適応してうまくできていること、鳥たちが必死に生活していることを感じていただければ、著者として望外の喜びです。

目次

イラスト=篠原裕美子

プロローグ　少しでも多くの子を残す性質が進化する

オスを産むべきか、メスを産むべきか

オス・メスの産み分け

「女の子を期待したら、生まれたのは男の子だった」などという話を聞くことがあります。希望するように男女を産み分けることは、私たち人間にはなかなかできることではありません。しかし鳥では、メス親が望む性となるように卵を産んでいることが、近年の研究でわかってきました。

オオヨシキリはヨシ原で繁殖する夏鳥で、オスは複数のつがい相手を獲得し、一夫多妻になることがあります。一夫多妻となった場合、オスは最初につがいになった第1メスの巣では子育てを手伝いますが、後からつがいになった第2メスのヒナにはほとんど餌を運びません。第2メスは自分だけで子育てをしなくてはならず、丈夫で健康なヒナを育てられない可能性があります。

大阪市立大学の大学院生だった西海功(にしうみいさお)さんは、オオヨシキリの第1メスと第2メスの間では、子の雌雄の割合が異なっていることを見いだしました。第1メスの子は58%がオスなのに対し、第2メス(少数の第3メスも含む)では46%がオスだったのです。多くの鳥ではヒナの性を外見から判定することは不可能です。西海さんは最新の方法でヒナのDNAを分析することによってヒナの雌雄を判定し、一夫多妻となったメスによる産み分けを世界で初めて発見しました。

ギャンブル的な性と安定的な性

オオヨシキリでは、ライバルのオスに勝ってよいなわばりを獲得し、複雑なさえずりでメスを引きつけることができる、強く優れたオスだけが一夫多妻となることができます。弱く劣ったオスはなかなかメスを得られず、独身のまま一生を終えることもあります。オスが残す子の数には大きなばらつきがあるのです。それに対して、メスは体格や健康状態によらず、オスとつがいになることができるので、残す子の数にオスほど大きなばらつきはありません。

オオヨシキリのメスがつがいになって、卵を産むときのことを想像してみましょう。もし、未婚のオスとつがいになった第1メスであれば、産む卵はオスにすべきでしょう。つがい相手のオスがヒナへの給餌を手伝ってくれますから、強く丈夫な高い質をもつ息子を育て上げることができるでしょう。その息子は将来、一夫多妻となって多くの子孫を残すことが期待できます。一方、既婚のオスとつがいになった第2メスの場合は、オスの援助を得られず、質の高い子を育て上げることは望めそうもありません。オスになる卵を産んでしまうと、その子は将来オス間の争いに負けたり、メスにもてなかったりして、多くの子孫を残すことはないでしょう。しかし、メスを産んでおけば、一定の子を残すことができます。したがって、第2メスになったときには、産む卵はメスにしたほうがよいということになります。

オオヨシキリのメスは、自分の置かれた状況のもとで、これから産む子が高い質に育ちそうかどうかに応じて、雌雄をうまく産み分けているのです。

興味深いことに、第2メスだけについてみると、産卵数が多いときより少ないときにオスを産むようになることも、西海さんは明らかにしました。5卵の巣では、オスの子は33％でしたが、3卵の巣では、67％の子がオスでした。ヒナの数が少なければ、単独の子育てでも食物が行き渡って、質の高い子を残すことができるからだと考えられます。

徹底しない産み分け

オオヨシキリのほかにも、状況に応じて子の性を調節している鳥は多くいます。ヤマガラではオスの体が大きい場合に、シジュウカラではオスの胸の黒い模様(よくネクタイにたとえられます)が太い場合に、シロエリヒタキではオスの額の白斑が大きい場合に、つがい相手のメスはオスの子を産むようになります。オスのこれらの特徴はいずれもメスに好まれるもので、競争力が高いことや健康であることを示すと考えられています。つまり、いずれの鳥のメスも、生存力が高くメスにもてるオスとつがいになったときには、オスの子を産む傾向があるといえます。それによって、息子も父親に似た性質をそなえ、子孫が繁栄することが期待できます。

オオヨシキリの場合、「子育ての条件」を予測して子の性を調節するというものでした。ここで述べた鳥たちは、「つがい相手の質」を判断して子の性を調節するものですが、いずれも多くの子孫を得るための適応的な雌雄産み分けといえます。しかし、オオヨシキリの数値でもわかるように、産み分けは徹底しておらず、望まないほうの性を産むこともあります。

明快な産み分け

最も徹底して雌雄を産み分け、望ましい性の子を産んでいるのは、セイシェルヨシキリでしょう。インド洋のセイシェル諸島の一部だけにすんでいるこの鳥は、一夫一妻で繁殖しますが、メスのヒナは巣立った後、両親のなわばりに残って、次の繁殖の手伝いをするヘルパーとなる場合があります。親としては、先々の子育てを考えるとヘルパーがいたほうがよさそうですが、ヘルパーにもマイナスの面があります。食いぶちが必要となることです。もし、なわばり内に食物が少ない場合には、ヘルパーがいると親子で食べる分が減りますから、かえってヘルパーがいないほうがよいということになります。

セイシェルヨシキリのメスは、食物となる昆虫が豊富ななわばりで繁殖した場合は87%の確率でメスを産み、昆虫が少ないなわばりでは77%の確率でオスを産んでいます。ヘルパーを養えるなわばりでは役に立つメスを産み、ヘルパーの食いぶちを負担できないときにはなわばりを出ていくオスを産むというわけです。望み通りの性を高率で産んでいるのは驚きです。

謎のメカニズム

どうやって雌雄を産み分けることができるのか。当然、この疑問がわいてきます。ヒトをはじめ哺乳類では、精子にX染色体をもつものとY染色体をもつものの2種類があり、いずれの精子が卵細胞と受精するかで子の性が決まります。ところが、鳥では、その裏返しのようなしくみで子の性が決まります。つまり、精子ではなく、卵細胞にメスになるものとオスになるものの2種類があるのです。

おそらく鳥のメスは、卵巣内で卵細胞をつくって排卵するまでに、オスになる卵細胞を準備しておくか、メスになる卵細胞を準備しておくかをコントロールしているのでしょう。

産み分けのメカニズムの全貌はまだ解明されていませんが、鳥のメス親が適応的に子の性を調節しているのは興味深い事実です。鳥たちは、野生動物として生きる厳しい環境の中で、少しでも多くの子孫を残すことができるよう、さまざまな性質を進化させてきたのです。

子殺し行動の謎

鳥たちは、自分の属する種が繁栄するように進化したのではありません。自分自身(個体)が多くの子を残すことができるように進化してきました。同じ種の卵やヒナを殺す行動は、その種の個体数を減らすことが明らかです。このような子殺し行動から、種の繁栄に結びつかない行動の進化を考えてみましょう。

再婚の後が問題

ヒメアマツバメは、1年を通じてつがい関係を維持する一夫一妻の鳥です。つがいは巣を繁殖に使うだけでなく、非繁殖期もねぐらに使います。この大切な巣は、植物の葉や茎、羽毛を、人工建造物の庇(ひさし)の下などに唾液で貼りつけて作ります。巣材は飛びながら空中で集めます。巣作りは非常にたいへんな作業で、完成には2か月から半年もかかります。

堀田昌伸さん(当時、大阪市立大学)は、静岡県にあるヒメアマツバメの集団営巣地で、4年間にわたって延べ145つがいの繁殖を観察しました。そして、つがい相手がいなくなった(おそらく死亡した)個体が繁殖中に再婚した場合、新たなパートナーが巣内の卵を壊したりヒナを殺したりすることを発見しました。

雌雄によらず、つがい相手を失った個体が完成度の高いよい巣をもっていた場合、まだ完成した巣をもっていない異性にとっては魅力的です。巣を作りかけの個体は面倒な造巣作業を放棄し、つまりすでにつがいになっている相手と積極的に離婚して、よい巣をもつ寡婦（あるいは寡夫）とつがいになります。しかし、相手が前のつがい相手の卵やヒナの世話をしていたのでは、自分の子を残すことはできません。そこで、先妻あるいは先夫の子を殺し、再婚相手との繁殖を早く始めようとするのです。

堀田さんが観察した営巣地では、4年の間に25個の卵と15羽のヒナが他個体に殺されたということです。巣立ちまでの死亡の18％が、他個体の子殺しによることになります。子殺し行動が、種の繁栄に結びつかないのは明らかです。しかし、子殺しをせずに再婚相手による先妻（あるいは先夫）の子の世話が終わるのを待つ個体よりも、子殺しをして繁殖を早める個体のほうが、自分の子を多く残すことになる以上、子殺しという行動は進化するのです。

離婚を促すためにも

つがい相手を得るために子殺しが行なわれる場合もあります。多くの鳥は、巣が捕食者に襲われるなどして繁殖に失敗した場合、しばしばつがいを解消して再繁殖します。離婚とそれに続く再婚が起こるわけです。そこで、つがい相手を得られない独身の個体には、よその巣を襲って繁殖を失敗させて離婚を促し、自らが再婚相手になるという作戦が考えられます。

北米のツバメでは、巣立ちまでに死亡したヒナの16％が子殺しによるものであったことがわかっています。実際に、独身のオスがよそのヒナをつついて殺すところが観察されています。時折目にする、巣の下に落ちているツバメのヒナは、子殺しにあったものなのかもしれません。

スペインのイエスズメでも、オスによる子殺しが起きており、やはりつがい相手を得るのが目的のようです。独身状態のオスがほかの巣のヒナを殺し、その後、その「被害者」のメスと繁殖した例が観察されています。

メスのもくろみ

イエスズメはメスも子殺しをしますが、その目的はオスとは異なっています。同じくスペインの研究で見てみましょう。メスによる子殺しは、一夫多妻につながったメスの間で起きていました。イエスズメでは、一部のオスが一夫多妻となりますが、巣内の卵がなくなったり壊されていたりすることが、一夫一妻のメスの巣よりも、一夫多妻となったメスの巣で頻繁に起きていたのです。また、ヒナが成鳥に殺されることも、一夫多妻の巣でよく起きていました。そして、一夫多妻となったメス間の地位に注目してみると、先に産卵をした第1メスでは42％が卵やヒナを殺される被害にあう一方、後から産卵をした第2メスで被害にあったものは10％に過ぎませんでした。

イエスズメは、オオヨシキリやコヨシキリなどと同様、オスは一夫多妻になると、先に卵がふ化した巣には餌を運びますが、後からふ化した巣ではほとんど子育てを手伝いません。第2メスは、そのまま繁殖が進行すると、オスに育雛（いくすう）を手伝ってもらうことができず、ヒナに十分な餌を与えることができない可能性があります。子殺しをした個体は特定されていませんが、おそらく犯人(の鳥)は第2メスで、先にふ化するであろう(あるいは、すでにふ化した)第1メスの子を「亡き者」にするのだと考えられています。いわば、養育援助を得るための子殺しです。

子殺しによる性比調節

オーストラリアのオオハナインコは、オスが緑色、メスが赤色の鮮やかな色をしています。樹洞（じゅどう）に営巣し、2個の卵を産みますが、巣立つのはしばしば1羽だけです。この鳥では、親が自分の子を殺してしまうことがわかっています。

このインコを精力的に研究したオーストラリア国立大学のハインゾーンさんは、樹洞が水浸しになりやすい巣で、育雛初期にオスのヒナがいなくなることに気づきました。巣ごとに子の性を調べてみると、ヒナが2羽いた巣では雌雄がほぼ半々でしたが、ヒナが1羽になっていた巣のうち水浸しになりやすい巣では、83％のヒナがメスだったのです。

オオハナインコでは、なぜかメスよりオスのヒナのほうが巣立ちまでに1週間ほど長くかかります。雨で水浸しになりやすい巣では、育雛に長い期間を要するオスは育て上げることができない可能性があります。望みのうすいオスの養育に力を尽くすよりも、早く巣立つメスにたっぷりと餌を与え、質の高い子に育て上げるほうが有利となる状況があるのでしょう。そこで、オスのヒナを殺し、メスだけを育てるという行動が進化したと考えられます。

巣の縁や下で見つかったヒナの死体には、成鳥の嘴（くちばし）の跡が残っていることがありました。ハインゾーンさんは、育雛中は巣を離れないメス親が子殺しを行なったと考えています。

卵やヒナを殺すというのは、目を背けたくなる行動です。親によるヒナ間の差別的な給餌や、親による卵やヒナのいる巣の遺棄も、消極的な子殺しと言えそうな、私たちにとっては感覚的に受け入れ難い行動です。しかし、これが、少しでも多くの子を残したものが生き残るという厳しい自然の中で淘汰（とうた）され、進化してきた鳥の真の姿なのです。

1　オスは多くのメスとの交尾を求める

オスは一夫多妻を目指す

オスが多くの子を残すには

動物のオスが多くの子を残すために一番有効なのは、多くのメスと交尾し、その卵を受精させることです。つまり一夫多妻になることです。哺乳類では、ハレムを形成するゾウアザラシやゴリラのように、一夫多妻を実現している種が多いのはご存知の通りです。

鳥でも一夫多妻の種が知られています。日本で繁殖する種では、オオヨシキリ、コヨシキリ、オオセッカ、ミソサザイで、複数のメスとつがいになるオスがしばしば見られます。国内の種で、最も多妻になるのはセッカでしょう。何と11羽ものメスを得たオスが知られています。

研究者の中には、身近に見られるウグイスも一夫多妻ではないかと考える人もいました。しかし、密に茂ったやぶの中に営巣するため観察が難しく、実態は「やぶの中」でした。調

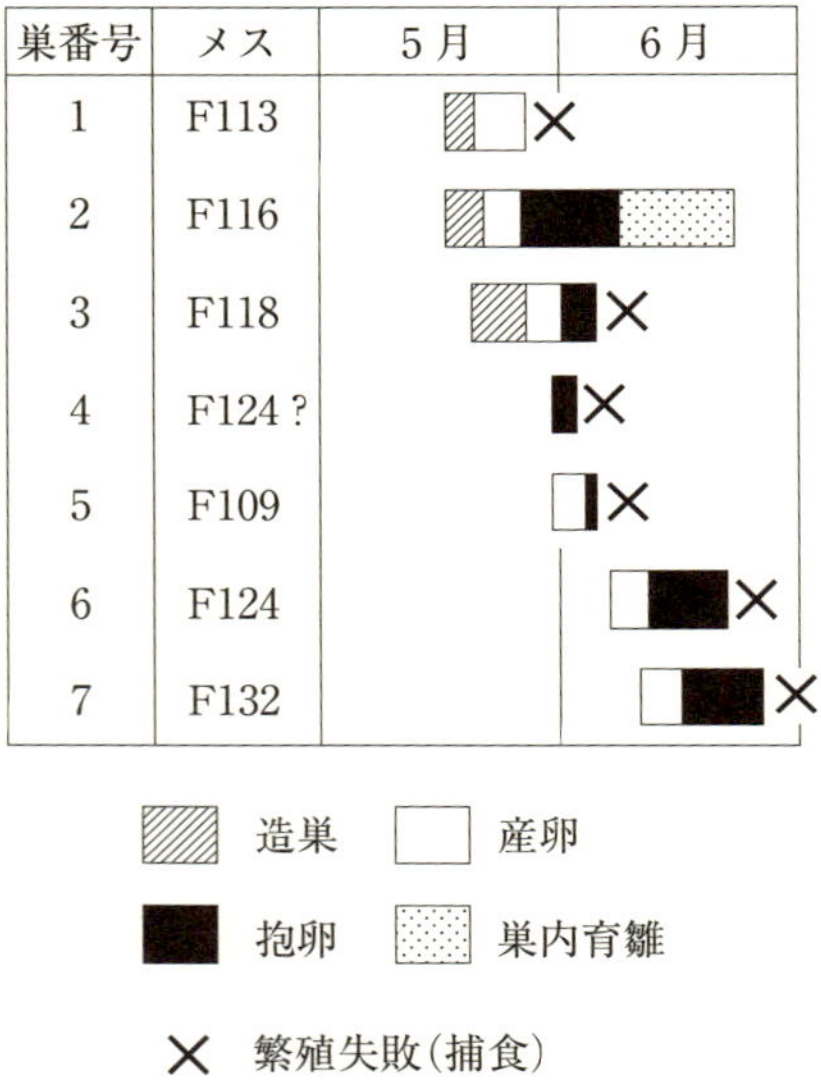

査の困難さを知らなかった私は、上越教育大学の大学院生だった当時、ウグイスの繁殖生態を修士課程の研究テーマに決めてしまいました。いま考えると無謀ですが、若さにまかせてやぶの中をかき分けて巣を探し、同じオスのなわばり内に最高で7巣が営まれるのを確認することができました(図1)。ほかにも、1羽のオスのなわばり内で複数のメスが営巣していることがしばしば見つかり、ウグイスでは一夫多妻がふつうに起きていることを明らかにすることができました。

巣番号	メス	5月	6月
1	F113		
2	F116		
3	F118		
4	F124 ?		
5	F109		
6	F124		
7	F132		

造巣　産卵
抱卵　巣内育雛
× 繁殖失敗(捕食)

図1　ウグイスの一夫多妻の例　約2か月維持された，あるオスのなわばりで見つかった7巣について，営巣したメスと繁殖経過を示す．巣4のメスを特定できていないが，このオスは6羽か7羽のメスとつがいになったことがわかる．(濱尾章二(1992) 日本鳥学会誌 40: 51-66 より改変，転載)

なぜ、一夫一妻の種が多いのか

実は、鳥類全体では一夫多妻の種は数％に過ぎません。90％以上の種は一夫一妻で繁殖しています。その理由は子育ての制約にあると考えられます。スズメやツバメの子育てを想像してみましょう。

ふ化したばかりのヒナは赤裸（あかはだか）で目もあいておらず、親が抱いて温めないと短時間で死んでしまいます。ヒナを温める抱雛（ほうすう）と餌をとってくることを1羽の親が行なうことはできません。オスとメスが一緒に子育てをする必要があるわけです。ヒナが大きくなると、抱雛の必要はなくなりますが、今度は食べる量が増えてきます。そんなヒナが巣の中に5羽も6羽もいるのですから、1羽の親が養うのは困難でしょう。

こういうわけで、鳥の子育てはとても手間がかかります。もし、オスがあるメスと交尾をした後、別のメスを得て多妻になろうと子育てを放棄すると、ヒナが健康に育たなかったり死んでしまったりすることが予想されます。交尾をした後もつがいの絆を維持し、メスと協同で子の養育にあたることが、オスが自分の子を残すためになすべきことなのです。いわば「子がかすがい」となって、オスは不本意ながら一夫一妻を保っているというのが、多くの鳥の実情だと言えるでしょう。

子育てからの解放

一部の鳥のオスが一夫多妻を実現しているのは、メスだけでもヒナを育てることができる状況にあるからだと考えられます。ウグイスやセッカのオスは、自分の子がいる巣を訪れることはなく、育雛(いくすう)をまったく行ないません。しかし、ウグイスではヒナの餓死は観察されていません(小笠原諸島の島嶼(とうしょ)個体群で例外あり)。おそらく、ウグイスが繁殖するやぶという環境は食物となる昆虫類が多く、メスだけでもヒナへの給餌が可能なのでしょう。セッカではヒナへの食物の6割がバッタ目の昆虫で占められています。セッカが営巣する草原に豊富に生息し、つかまえやすい昆虫を食物としていることが、メスのみによる育雛を可能にしていると考えられています。

オオヨシキリ、コヨシキリ、オオセッカでは、オスもヒナへの給餌を行ないますが、一夫多妻となった場合、メスの中にはオスの援助を得られないものもおり、やはりメスだけでもヒナに与える食物が得られる環境にあるのだと思われます。

鳥のヒナには、ふ化したときに赤裸で目があいていない晩成性のものだけでなく、ふ化したときから羽毛に包まれていて、歩いたり泳いだりできる早成性のものもいます。ニワトリのひよこやカモのヒナのように、自分で食物をとることができる早成性のヒナであれば、親の子育てはラクになります。そうすると、ヒナが早成性の鳥(キジ目、カモ目など)は皆、一夫多妻になりそうですが、実際はそう簡単ではありません。交尾のほかに雌雄が協同する場面

がないので、つがいの絆というものがそもそも生まれにくいのです。カモ類はメスによる抱卵が始まるとつがい関係を解消する種が多いのですが、繁殖期が短いためか、オスはその後一夫多妻を目指すことはありません。オスのオナガガモは、メスの子育て中に、集合して換羽を行なっています。食物が豊富な間に、エネルギーが必要な羽の生え変わりをすませてしまうのでしょう。

雌雄は1対1なのでは？

オスとメスはほぼ同数のはずなのに、なぜ一夫多妻が生じるのでしょうか。実は、集団の中のすべてのオスが一夫多妻になっているわけではありません。私が高校教員のときに調査していたコヨシキリでは、一夫多妻となったオスのほか、一夫一妻や独身のオスも多くいました。ほかの種でも同様で、一夫多妻になるオスがいる一方でメスを得られないオスもいるというのが一夫多妻の種の実態です。

ウグイスやセッカのオスが多くのメスを得ることができる

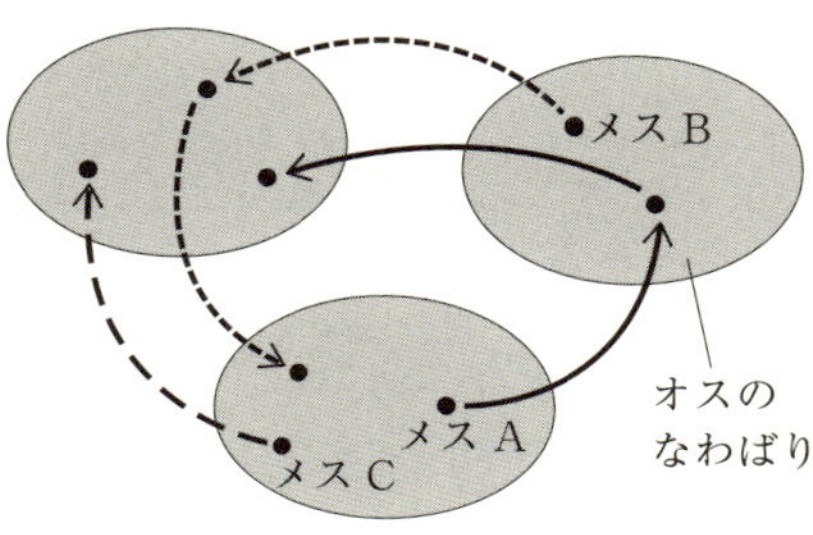

図2　ウグイスの一夫多妻が生じるしくみ　メスの数がオスより多いために一夫多妻が起きるのではなく，メスがオスのなわばりの間を移動し，1回の繁殖期に複数のオスとつがいになることで一夫多妻が生じる．

理由はほかにもあります。これらの種では、メスが次々とつがい相手を変えることが、オスにとって新たなメスを獲得する機会となっているのです。ウグイスでは卵やヒナが捕食されることが多く、産卵を始めた巣のうちヒナを巣立たせるのはわずか2～3割です（図1参照）。卵やヒナを失ったメスは別のオスのなわばりに移り、巣作りからやり直します。巣立った場合も、続いて繁殖するときはなわばりを変えて行ないます。そのため、繁殖期を通じて、つがい相手を求めるメスが豊富にいることになり、オスは多くのメスを得ることができるのです。皮肉なことですが、巣を襲う捕食者によって、オスとメスの出会いの機会が増えているわけです（図2）。

ウグイスのオスは必ずしも同時に複数のメスとつがい関係を結び、ハレムを形成しているわけではありません。また、次々とつがい相手を変えていくメスにとっては、時間的に重複しない一妻多夫の関係をもっているということができます。しかし、ウグイスが一妻多夫の種だとは言いません。1羽1羽のウグイスは一夫一妻であったり一夫多妻であったり、さまざまな形のつがい関係をもっている場合があるでしょう。しかし、ウグイスのオスは、成功しない場合もありますが、どの個体も一夫多妻を目指しています。そこで、種としては、婚姻形態が一夫多妻(制)であるということになります。種の婚姻形態には、一夫一妻、一夫多妻のほか、一妻多夫、多夫多妻、乱婚があります。これらは別の機会に紹介しましょう。

オスはつがい外交尾を目指す

オスが子を残す第2の方法

オスは多くのメスを獲得することで、自分の子を多く残すことができます。そのためには、多くのつがい相手を得て、一夫多妻になるのが一番です。しかし、多くの種では雌雄協同の子育てが必要なので、一夫一妻にならざるを得ないという事情があります。

実は、オスが自分の子を残すには、つがい相手の獲得以外にも方法があります。自分とつがいの関係にないメスと交尾(つがい外交尾)をして、卵を受精させるという方法です。つがい外交尾で子を残すことに成功した場合、産卵したメスやそのつがいオス(夫)が抱卵や育雛を行なうので、自分は子の養育にまったく労力を割かずにすむという利点もあります。

実際に鳥のオスは、つがい相手を得ることと、つがい外交尾を行なうことの二つの手段を駆使して、自分の子を少しでも多く残そうとしています。この二つを混ぜて使うことから、オスは「混合繁殖戦略」をとっていると言います。人間の道徳や倫理に照らすと問題も感じる戦略ですが、つがい外交尾は一切しないなどというオスは、つがい外交尾をするオスに比べて少数の子しか残すことができません。子孫が繁栄せず、やがてその遺伝子は絶えてしまうでしょう。厳しい進化の圧力のもと、子を残すうえで少しでも有利になる性質をもつものの子孫だけが、ふるいにかけられるように生き残ってきたのです。現在生きている生物たちは皆、繁殖に長けたものたちだと言えるでしょう。

つがい外交尾の観察

オスがどのくらいつがい外交尾をしているのかを、実際に野外で調べるのはたいへん難しいことです。上越教育大学大学院(当時)の成田章さんが行なったウミネコの研究を紹介しましょう。

成田さんは、ウミネコが多数営巣している青森県の蕪島を調査地に、まず捕獲を始めました。色足環を付けて1羽1羽を区別できるようにしておかないと、交尾を観察したときにつがいの交尾であるか、つがい外交尾であるかを判断できないからです。営巣地にヒトが立ち入ると、多くのウミネコが飛び立ち糞を落としたり頭を蹴りつけたりしてくるので、ヘルメットをかぶり糞だらけになりながらのたいへんな作業です。自作したいろいろな罠を駆使しましたが、どうしても捕獲できない個体もいて、水鉄砲で染色液を発射して羽毛に色を付けたこともあるそうです。

そうした苦労の後、合計780時間も観察したところ866回の交尾が確認され、その多くはつがいの雌雄間で行なわれることがわかりました。つがい外交尾は全体の3%だけでした。しかし一方で、観察した29羽のオスのうち28羽がつがい外交尾を試みており、しかもそ

の時期は産卵が間近な、受精が起こりやすい頃に集中する傾向がありました。オスは、卵の受精を目的につがい外交尾を試み、実際に子を残していると成田さんは考えています。

コアジサシやアマサギでも、つがい外交尾が国内で調べられています。コアジサシでは7％、アマサギでは34％の交尾がつがい外の雌雄によって起きていました。これらの数字もウミネコの研究と同様、個体識別と長期間の観察という途方もない労力によって明らかになった貴重なものです。

DNA分析で明らかになった浮気の実態

つがい外交尾で生まれるヒナはどのくらいいるのか。つがい外交尾が確認されていない種でも、オスは混合繁殖戦略を使っているのか。このような疑問に明確な答えを与えたのはDNAによる親子判定です。この技術が確立された1990年頃から、いろいろな鳥種でつがい外交尾による受精（つがい外受精）に関する研究が行なわれるようになりました。

その結果、つがい外受精は多くの鳥でふつうに起きていることがわかってきました。例えば、ヨーロッパのシジュウカラではヒナの7%がつがい外受精によるもので、つがい外受精のヒナが含まれる巣は全体の31%でした。二つの割合が異なるのは、巣の中の一部のヒナだけがつがい外受精によるものだからです。仮に、どのつがいも5羽のヒナを育てる種がいたとして、10巣を調べたら半数の巣で、ヒナのうちの1羽がつがい外受精であったとしましょう。この場合、ヒナの10%、巣の50%でつがい外受精が見られることになります。

ほかの種でも、ショウドウツバメではヒナの14%(巣の36%)で、南極で仲睦まじく子育てをするアデリーペンギンでもヒナの9%(巣の11%)でつがい外受精が見つかっています。一夫一妻の種で最もつがい外受精率が高いのは、オオジュリンです。なんとヒナの55%がつがい外受精で、巣の86%につがい外のヒナが含まれていました。

もちろん、つがい外受精が見つかっていないコチョウゲンボウやモリムシクイのような種もいます。しかし、150種以上の研究結果を調べたところ、90%以上の種でつがい外受精が起きていたというまとめもあり、多くの種でオスが混合繁殖戦略を採用しているのは明らかだと言えましょう。

つがい外受精率はなぜ異なる?

つがい外受精の起こる率は、種によって異なるだけではありません。同じ種でも、地域によって異なる場合があります。南フランスのアオガラは、大陸ではつがい外受精で生まれるヒナの割合が14%なのに対し、島では25%でした。また、マダラヒタキのヒナのつがい外受精率は、ノルウェーでは4%と極めて低いのに対し、スウェーデンでは24%とかなり高くなっていました。

このように、つがい外受精の起こりやすさは種の間でも、種内の個体群の間でもかなりのばらつきがあります。ばらつきが生じる要因について、生息密度が高いとつがい外交尾が起こりやすく、つがい外受精率が高くなるという説が出されたことがあります。また、繁殖時期が集団内で同調していると、つがい外受精が起こりやすくなるという説も唱えられました。しかし、これらの仮説については、予想とは逆の結果が出た研究も多く発表されており、つがい外受精の生起率が何によって決まるかは一概に言うことはできません。

つがい外受精率のばらつきを理解するには、雌雄それぞれがつがい外交尾をすることで得られる利益と被る(こうむ)マイナス(コスト)を、それぞれの種や個体群について精査していく必要があるでしょう。そのためには、メスがなぜつがい外交尾を受け入れるのか、オスはつがい相手(妻)のつがい外交尾に対抗手段をもたないのかといった疑問に答えを出していく必要があります。

妻の不倫は防ぎたい――オスの父性防衛

つがい外交尾への対抗手段

オスたちはつがい相手を得ることだけではなく、つがい外交尾をすることで、自分の子を残そうとしています。これは、つがいとなったオス（夫）にとっては、自分のつがい相手（妻）がつがい外交尾をしてしまう危険があることを意味します。「オスは妻のつがい外交尾を防ごうとしないのだろうか」と考えた方もいることでしょう。つがい外受精が起こると、メスが産む卵の一部（ときに全部）がよそのオスによって受精されたものとなってしまいます。夫としては自分の子の数が減ってしまいますし、自分の子ではないヒナの世話に労力を奪われてしまいます。妻のつがい外交尾への対抗手段が発達しないはずはありません。

つがい外交尾に対抗する手段のひとつは、メスにつき添っていつも一緒にいることです。これで、ほかのオスとの交尾を防ぐことができます。この行動を「メイトガード」と呼びます。

例えば、コヨシキリのオスはつがいになる前はさかんにさえずってメスを引きつけようとしていますが、一度（ひとたび）つがい相手を得るとぴたりとさえずりをやめ、メスにつき添うようになります。巣作りをするメスが巣材の枯れ草を運んでいるときなど、尻を追いかけるようにく

っついて一緒に移動しています。メスを見失うと、高い草の先端に上り、メスを呼ぶかのように短く鳴きます。
シジュウカラやツバメでも同様に、つがいになった2羽はいつも一緒にいて、メスが移動するとオスはすぐに後を追います。仲睦まじく感じられる行動ですが、オスがつがい相手のつがい外交尾を妨害しようと見張っている姿です。メイトガードという通り、つがい相手をほかのオスから守っているわけです。見方を変えると、オスはメスを守っているのではなく、自らの父性(子の遺伝的親になること)を利己的に守っているのだと言うこともできます。メイトガードは、オスが父性を防衛するために多くの種で用いられている方法です。

鳥の交尾

ところで、皆さんは鳥の交尾を見たことがあるでしょうか。

私が研究の対象として繁殖生態を調査してきた種でも、交尾をはっきりと観察できたのはウグイスでは4回だけ、コヨシキリでは一度も見ることができませんでした。

一般に、交尾は、オスが翼を広げてバランスをとりながらメスの体の上にとまると、一瞬のうちに終わります。鳥の交尾は総排出腔（お尻の穴の部分、図3）を触れ合わせるだけだからです。鳥では哺乳類とは異なり、糞も尿の成分も精子（あるいは卵）も、同じひとつの穴から体外に出ていきます。総排出腔の接触だけで精子が受け渡され、精子は卵巣から卵が下りてくる輸卵管をさかのぼるように泳いでいきます。そして、卵巣から排卵が起こると、輸卵管の末端で待ち構えていた精子によって受精します。その後、さらに1日をかけて受精卵（卵黄）のまわりに卵白、卵殻膜（ゆで卵をむくときに苦労することがある薄皮がこれです）、そして卵殻が作られ、産卵されます。

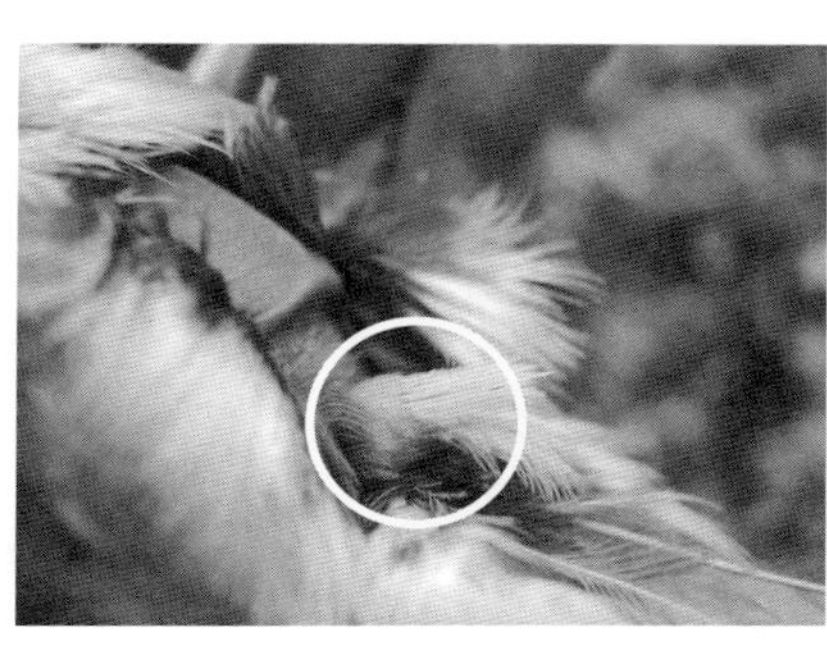

図3　メジロのオスの突出した総排出腔　繁殖期のオスの総排出腔は球状に突出していることがある．この部分では，輸精管が折れ曲がって糸玉のようになっており，多量の精子が貯えられている．交尾回数が多い種で，オスの総排出腔突出が著しい．皮膚が見えているのは，もともと羽毛の生えていない裸域と呼ばれる部分．

交尾の後、精子はメスの輸卵管の中で10日以上も受精能力を失わないことが、ニワトリやキンカチョウを用いた実験からわかっています。つがい外交尾が起こると、メスのおなかの中には、つがいオスの精子とつがい外のオスの精子の両方が存在することになります。そうした中で、何とか自分の精子で卵を受精させようというのが、つがいオスが自らの父性を守る第2の手段です。

精子の量で勝つ

つがいオスがたくさんの精子を送り込んでおけば、つがい外交尾が起きても、つがい外オスの精子が卵と受精する可能性を低くすることができます。そこで、つがいオスは何度も交尾をし、精子の量で勝ることで、自らの父性を守ろうとします。これが多数回交尾です。

オオタカは1回の繁殖でふつう3個の卵を産みますが、つがいオスは数百回も交尾をします。同じくタカ類のミサゴも数十回の交尾をします。集団で営巣する種にも多数回交尾を行なうものが多く、シロカツオドリで100回以上、シロトキで約30回の交尾が行なわれます。単に卵を受精させるためだけであれば、わずかな回数の交尾で十分な精子を受け渡すことができます。事実、1回の繁殖でヒバリは1回、カササギは3回しか交尾をしなかったという記録があります。多数回交尾を行なう種の多くは、オスが常にメスにつき添うことのできない種です。例えば、集団営巣をする種では、オスが巣を離れて巣材や食物をとりに行くときに、巣材が盗まれるのを防ぐために、メスだけが巣に残ります。このような種では、メイトガードを効果的に行なうことができません。そこで、つがい外交尾に対抗する手段として、オスは多数回交尾を行なうと考えられています。

精子の量で圧倒してほかのオスによる受精を妨げようとは何ともすごい作戦ですが、あらゆる手を使って、自分が残す子の数を少しでも多くする性質が進化するという自然の姿を見る気がします。

つがい外受精が起きた後の対抗手段

父性防衛を図っても、つがい外受精が起きてしまった場合、オスは何らかの対抗手段を講じることはできないのでしょうか。つがい外受精が起きた巣では、オスが子の世話を手抜きするのではないかと考えた研究者もいました。しかし、多くの種で調べられた結果、ほとんどの場合、オスはそのような反応はしていませんでした。ただ、実験的につがい外受精が起こりそうな状況を作り出すと、オスが世話をしなくなるという研究はあります。アオアシカツオドリのオスを産卵前、一定の時間捕獲してメイトガードをできないようにしておくと、メスが産んだひとつ目の卵を温めず、巣から放り出してしまいます。自然状態でも、つがい外受精が疑われるとき、オスは子の世話にかける労力を減らす場合があるのかもしれません。

そもそもオスはヒナを見て、実の子であるかどうかを判定することはできないようです（できるという研究はありません）。したがって、つがい外受精のヒナだけを巣からつまみ出して、残った自分の子を育てるなどという行動をとることはできません。そのため、複数のヒナの中につがい外受精によるものが混じっている可能性がある場合でも、自分の子もいるために世話を続けるほかはないというのがオスの実情と言えます。

オスの労力配分——いつ、何をなすべきか

春から初夏の繁殖期、鳥のオスたちは多くの仕事をこなします。多くの子を残すためには、そのときそのとき何をすべきか、適切に労力を配分することが大切です。

さえずりとメイトガード

オスが繁殖のために行なうべき最初の仕事は、つがい相手を得ることです。小鳥類では、オスがさかんにさえずってメスを引きつけようとします。さえずるオスは、メスに対してだけ目立つのではありません。さえずるという行動は、捕食者に対しても目立ってしまうというマイナス(行動に伴う出費＝コスト)があります。また、メスは一般に複雑なさえずりのオスを好むので、多くの種類の音を含む複雑なさえずり方をしないと、メスに選んでもらえません。さえずる行動にはコストがあるが、メスを獲得するためにさえずらないわけにはいかない、というのがオスの事情なのです。オスたちは、ただ気分がよいから歌っているというわけではありません。

メスが自分のなわばりに定着し、つがいを形成すると、オスのさえずりは急に不活発になります。オオヨシキリやコヨシキリでは、ぴたりとさえずりをやめてしまい、いなくなって

しまったのかと思うほどです。シジュウカラやホオジロでも、メスを得るとオスのさえずり頻度は著しく低下します。

メスを獲得したオスは、メイトガードに専念しています。メスがほかのオスと交尾(つがい外交尾)をし、それによって卵が受精してしまうと、オスは自分の子ではないヒナを世話する羽目におちいるので、つがい外交尾を防ぐためにメスにぴったりと寄り添ってガードするのです。

哀れ、一夫多妻のオス

メイトガードはなかなかたいへんな作業です。メスは自らつがい外交尾を求めることもあるので、一瞬も気を抜かずにメスを見失わないようにし、メスが行くところすべてについて行かなくてはなりません。ツバメのオスは、この時期、10日間ほどで体重が2g減少します。これは体重が10%減ることを意味します。メイトガードもコストを伴う行動であり、さえずりながらできるようなものではないようです。

また、複数のメスを同時にメイトガードするのも難しいことです。私が調べたコヨシキリでは、一夫多妻となったオスが、複数のメスを同時にメイトガードしなくてはならない状況になると、メスがつがい外交尾をする傾向がありました。DNAで親子判定をしてみると、メイトガードが必要な受精可能期間(交尾が起こると受精に結びつく、産卵前から産卵中の期間)

が複数のメスの間で重なり合った場合に、つがい外受精がよく見つかりました。* 中には、一夫三妻となりながら、2羽のメス(妻)がつがい外受精を起こしていたというオスもいました。多くの子を残そうと一夫多妻になっても、父性防衛で失敗してしまうこともあるわけです。

＊ 巣が捕食にあってメスが再営巣した場合、一夫多妻となったメスの間で受精可能期間が重なり合う場合がある。

妻が抱卵中につがい外交尾

産卵が終わり抱卵に入ると、オスには余裕が出てきます。多くの種で、抱卵はメスの仕事だからです。メスに巣を任せたオスが企てるのは、別のメスを獲得することです。

オスは、この余裕がある期間に、ひそかによそのなわばりに侵入し、つがい外交尾を行なうことがわかっています。私が調べたコヨシキリでは、つがい外受精を起こしたメスの(不倫の)相手は近隣のなわばりのオスでしたが、これらのオスは自分のつがい相手(妻)が抱卵中につがい外交尾を行なうと推定されました。と言うのは、オスがつがい外受精を起こしたメス(浮気相手)の受精可能期間が、つがい相手(妻)の抱卵期間と大きく重なっていたからです。つがい外受精が起きたケースでは、二つの期間の重なりは平均6・4日もありました。

それに対して、近隣メス（浮気相手の候補）の受精可能期間が、妻の抱卵期間とまったく重なっていない場合には、オスがつがい外受精を起こした例はありませんでした。

また、一部の種のオスは、メスの抱卵中に一夫多妻を目指します。かつて独身であったときのように、活発なさえずりを再び始めるのです。オオヨシキリをはじめ、地域や個体によってはコヨシキリ、モリムシクイでもさえずりの再開がみられます。

人間には、つがい相手が抱卵で忙しいときに一夫多妻やつがい外交尾に走るとは身勝手だ、とも思えますが、少しでも多くの子を残そうとする、このような性質が進化するのは、自然界の理（ことわり）と言えます。

状況に応じて労力配分を調節

繁殖が進むにつれて、オスはスイッチを入れ替えるように行動を変えていきますが、ときには同時に二つの行動をとりたいという困った状況におちいることもあります。

北欧のスウェーデンで繁殖するオオヨシキリは、5月中旬から7月中旬の2か月間しか繁殖期間がありません。一夫多妻になれるとしたら繁殖期の前半だけです。遅い時期には、つがい相手を求めるメスはやって来ません。そこで、繁殖期の前半、つがいになっているオスたちは、メスの受精可能期間（産卵）が終わっていないのに、新たなメスを誘引しようとさえずりを再開させます。メスは1日1個ずつ5個ほど産卵しますが、オスは産卵が始まる日にはもうメイトガードをやめ、さえずりを再開させてしまいます。つがい相手(最初の妻)がつがい外受精を起こすリスクが多少はあっても、一夫多妻になったほうが多くの子を残すことができる状況にあると考えられます。

このようなオスたちも、繁殖期の後半になると、メスの受精可能期間が終わるまで、しっかりとメイトガードをするようになります。実は、繁殖期の後半には、新たなつがい相手が得にくくなる一方、つがい外交尾をねらって、受精可能なメスがいるなわばりに侵入するオスはぐんと多くなります。つまり、メイトガードをする利益(価値)が高くなるわけです。

さえずるべきか、メイトガードをするべきか。季節が進むにつれて変化するメスの得やすさと、つがい外受精を被るリスクを計りながら、オスは適切に行動を選択しているのです。

2 メスは相手を選り好みする

Choosy（チュージー）なメス

メスが目指すのは？

オスが多くの子を残すためには、多くのメスと交尾をし、その卵を受精させることが重要です。1羽より2羽、3羽と多くのメスを獲得すれば、得られる子の数も2倍、3倍と増えていきます。しかし、メスは多くのオスとつがいになったり交尾をしたりしても、それが子の数を増やすことには直結しません。自分が産み落とす卵の数で、残すことができる子の数は決まってしまうからです。それでは、メスが子孫の繁栄を図るためには、どうすればよいのでしょうか。

メスにできることは、自分が残す子を生存に有利な質の高いものにすることです。自然界では飢えや病気によって、あるいは捕食者に襲われて、多くの個体が死んでいきます。長生きをして繁殖を繰り返すことができるのは、ごく一部のものだけです。メスにとって同じ数の子を残すのでも、丈夫で長生きをして多くの孫を残す子と、ほとんどあるいはまったく孫を残さない子とでは大きな違いがあります。

質の高い子を残すには、パートナーとなるオスを選ぶことが重要です。何と言っても、子にはメス自身の遺伝子とともに、オスの遺伝子が半分入ってくるのですから。また、オスの遺伝子だけではなく、オスがもつなわばりも吟味が必要です。なわばりの中に安全な巣場所や、ヒナに与える十分な食物がないと、丈夫で生存力の高い子を育て上げることができないからです。

メスは、少しでも優れたオス——よいなわばりをもつオス、捕食者から逃れる能力が高く病気にも強いオス——とつがいになろうとします。メスは、繁殖に際してパートナーを厳しく選り好みする性(choosy(チュージー) な性)なのです。

選ぶメス

メスによる配偶者選択は、20~30年前からホットな研究分野になっています。学術雑誌には毎号多くの論文が掲載され、メスがどのようなオスを選んでいるのか、そして選ばれるオスは本当に優れたものなのかが、明らかにされてきました。例えば、尾の長いオスが多くのメスを得て一夫多妻になりやすい(コクホウジャク)、広いなわばりをもつオスは早くつがいになることができる(スゲヨシキリ)など、メスがつがい相手を厳しく選んでいる様子が明らかにされています。

日本のツバメでも、筑波大学大学院生（当時）の長谷川克さんによって、メスの選り好みが徹底的に調べられています。こういう研究では、たくさんの繁殖例を観察しなくてはなりません。多雪地の商店街には、店の軒が連なり歩道の屋根となっている雁木があります。長谷川さんは雁木にツバメが多く営巣することに目をつけ、新潟県で調査を行ないました。

ツバメは雌雄とも喉が赤く、尾には白い斑点があります。長谷川さんが調べたところ、オスのほうがメスよりも赤が濃く、白斑が大きいことがわかりました。そして、オスの中でも喉の赤が濃く、大きな白斑をもつものほど、早くつがいになっていました。つまり、そういうオスは、メスに選ばれる「もてる」オスだと言えるわけです。実際、赤が濃いオスは翌年も帰ってくることが多く、長生きで遺伝的に優れた個体であると考えられました。

また、メスのツバメは、古巣が多い場所を占有しているオスを選ぶ傾向がありました。これは、メスが過去に繁殖が成功したよい巣場所を選んでいることを示しています。長谷川さんの研究は、ツバメのメスがオスの複数の特徴を評価して選り好みをしていること、そしてそれによって遺伝的に優れ、また安全な巣場所をもつオスを得ていることをわかりやすく示してくれました。

どのオスを選ぶか?――実験室でのプロポーズ大作戦

メスが複数のオスを見比べてつがい相手を選ぶ過程は、野外ではなかなか見ることができません。室内でメスの好みを調べた実験を紹介しましょう。

北米に広く分布するメキシコマシコでは、鮮やかな赤い色をしたオスほどメスに好まれることがわかっています。この鳥は、メスは褐色、オスは頭部から胸が赤いのですが、飼育下のメスに複数のオスを提示する実験を行なったところ、メスは赤色が鮮やかなオスのほうに近づいたという結果が得られています。赤い色素のカロテノイドは鳥が体内で合成することができないもので、食物からとるほかありません。つまり、赤が鮮やかなオスは、カロテノイドをたくさん摂取できており、食物を得る能力が高いことを示しているわけです。メスは色を目印にして、優れたオスを選んでいると考えられます。

シジュウカラでは、複雑なさえずりをもつオスほどメスに好まれることがわかっています。シジュウカラは1羽のオスでも「ツピツピツピ」「チチピーチチピー」などといくつかのさえずり方(レパートリー)をもっています。飼育下でメスに対してさえずりを再生したところ、レパートリーが多いさえずりを聞いたときほど、オスに交尾を促すディスプレイを頻繁に行なったという実験があります。複雑にさえずるためには、声を出す鳴管(めいかん)周辺の筋肉が発達し、それをうまくコントロールできる神経系も発達していて、さらに複雑なさえずりを学習する脳の発達が必要です。メスはさえずりを聞き比べて、優れたオスを選んでいると考えられます。

生存に不利な性質を好むという矛盾

「鮮やかな色をしているオスは捕食者に見つかりやすくなるのでは？」「活発に複雑なさえずりをしているとエネルギーを使うし、食物を探す時間も減ってしまうのでは？」このような疑問をもった方もいることと思います。まことにごもっともで、メスが好むオスの性質は長生きをすることにつながらない生存上不利なものであることが多いのです。なぜ、メスはそのようなオスを好むのでしょうか。

考え方を変えてみると、鮮やかな色をしているのに捕食者から逃れて生き延びているオスは、注意力が鋭く、飛ぶのもすばやい優れた個体なのだといえます。ガンガンさえずっているオスは、それでも食物をとって十分なエネルギーを得ることができている優れた個体であるはずです。つまり、鮮やかな色や活発で複雑なさえずりは、そのような生存上不利なことをやっていても、そのオスが生きていけるということを示す印となっているわけです。そうであるから、メスはそのような印をもった、高い質のオスを好むのです。

もし、あまり優れていない質の低いオスが、鮮やかな色や複雑なさえずりをしていると、捕食されたり食物を得られなかったりして、生きていけないでしょう。優れたオスは鮮やかな色のようなハンディを負っても生きているといえます。このような見方から、ここで述べた説明は「ハンディキャップの原理」と呼ばれています。

少し乱暴に言えば、優れたオスは劣ったオスにはできない「しんどいこと」をやっている、するとメスは「ハンディを負っても平然としている！」と惚れてしまうというわけです。インターネットの動画で見ると、コクホウジャクのオスの尾は異様に長く、飛ぶのがとても不自由そうです。求愛するキモモマイコドリのオスは、ムーンウォークのような奇妙なダンスを踊っています。このような無意味に思えることでも、「しんどいこと」であれば優れたものである証拠となり、メスはそれを目印にしてオスを選ぶことになるのです。

鳥を見るとき、メスとは異なるオスの形態や行動をこのような観点から観察するのも楽しいことです。

つがい外交尾――メスの利益は何か？

交尾におけるメスのふるまい

オスはつがい外交尾をして、それが受精に結びつけば、自分の子を多く残すことができます。そのため、オスが積極的につがい外交尾を求めるのは理解しやすいことと思います。実際に野外でも、オスが自分のなわばりからメスがいるなわばりに「出張」していくのが観察されています。私が調査していたコヨシキリでは、自分のなわばりでさえずっていたオスがさえずりをやめて近隣のなわばりに侵入し、ひっそりと草むらの中を移動していることがありました。侵入されたなわばりには、交尾をすれば受精に結びつく時期のメスがいることが多かったので、つがい外交尾が目的の侵入であったと思われます。

立場を変えて、メスの側からつがい外交尾を見てみましょう。オスが望んでもメスが協力しなければ、交尾はなかなか成立しません。メスが腰を低くして交尾を受け入れる姿勢をとったときに、オスが上に乗って総排出腔（そうはいしゅつこう）を接触させることで精子が受け渡されるからです。メスは一方的に交尾をされてしまう受け身の性ではないのです。

メスはつがい外交尾を積極的に受け入れている、あるいは求めているわけです。メスがつがい外交尾をする理由は何なのでしょうか。

つがい外交尾におけるメスの利益

メスがつがい外交尾をする理由として考えられていることのひとつに、受精を確実にするためというものがあります。鳥のメスは受精していない卵(無精卵)を産むことがあります。受精していないと、卵に投資した栄養や抱卵に使ったエネルギーが無駄になってしまいます。もし、つがいオス(夫)の精子の質や量に問題があって、受精がうまくいかないのならば、メスはつがい外交尾をして受精に保険をかけるのがよいでしょう。

この仮説は、北海道大学大学院(当時)の油田照秋さんによって確かめられました。油田さんがシジュウカラで行なったユニークな野外実験を紹介しましょう。まず、繁殖期の1回目の営巣で、巣の卵をすべて人工卵とすりかえます。人工卵は無精卵と同様、いくら温めてもふ化しないので、メスはやがて巣を放棄します。このような経験をしたメスたちは、同じオスとの2回目の営巣で、83%という高率でつがい外受精を引き起こしたのです。1回目の営巣で人工卵にすりかえず、卵のふ化を経験したメスたちは、2回目の営巣でそのような高率でつがい外受精を起こすことはありませんでした(と言っても、48%と結構高かったのですが)。

1回目の営巣で、卵を受精させる夫の能力に問題があると認識したメスは、2回目の営巣で活発につがい外交尾を行なったことがわかります。

メスがつがい外交尾をする理由については、受精を確実にすることのほかにも、交尾を求めるオスからの求愛給餌で食物をもらうことや、子の遺伝的多様性を高めることなど、いろいろな可能性が考えられています。もうひとつ有力な説を紹介しましょう。

つがいになった後も子の父親を選ぶ

メスはつがい相手を厳しく選り好みし、健康で長生きすることができる質の高いオスとつがいになろうとします。しかし、実際には、繁殖地に渡ってきてオスを探してみると、質の高いオスはすでにほかのメスとつがいになっていて、夫の候補となる未婚のオスの中には、あまり質の高いものはいなかったということもあるでしょう。そのような場合、いわば「不本意」な相手とつがいとなったメスは、質の高いオスのつがい外交尾を受け入れることが予想されます。つがい外受精によって、子には質の高いオスの遺伝子が伝わり、健康で長生きすることが期待できるからです。

メスがつがい外交尾の相手を選り好みすることを明らかにしたアマサギの研究を紹介しましょう。アマサギは雑木林や竹林で集団営巣します。大阪市立大学大学院(当時)の藤岡正博さんは、池の中の島にある営巣地で、繁殖行動を観察しました。食料を買い込んでボートで

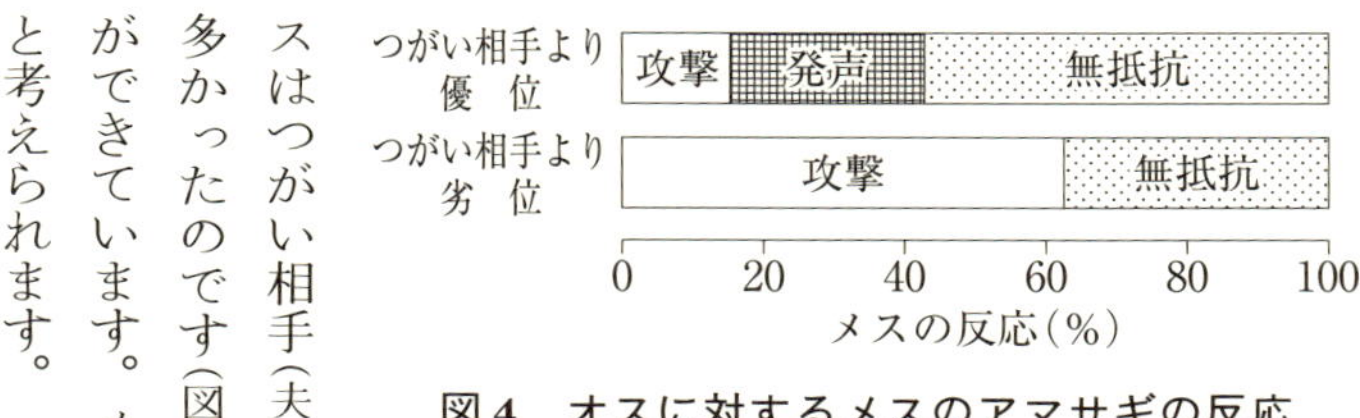

図4　オスに対するメスのアマサギの反応
つがい相手(夫)がいないときに近づいてきたよそのオスに対する行動を示す．優位なオスに対しては攻撃せず無抵抗で，つがい外交尾を受け入れやすいことがわかる．発声するのは，つがい相手が近くにいないか確かめるためと考えられ，つがい相手がかけつけなければ，つがい外交尾に至ることが多い．（藤岡正博（1986）鳥類の繁殖戦略（上），山岸哲（編），東海大学出版会，1-30より，許可を得て改変，転載）

島に渡り、鉄パイプを組んで作ったやぐらに登って、木の上の巣や鳥を毎日観察したそうです。サギ類の営巣地は、糞(ふん)や吐き戻された餌が散乱し、不潔というより不気味なほどの状況です。その中に泊まり込み、自炊しながら観察を続けたというのですから、たいへんな根性です。

　アマサギのつがい外交尾は、オスが採食のために巣を離れ、メスだけが巣に残っているときに起こりました。メスだけが巣にいると、よそのオスがつがい外交尾をねらってメスに近づいてきます。そのとき、メスはつがい相手(夫)よりも優位なオスだと交尾を受け入れ、劣位なオスだと攻撃することが多かったのです(図4)。アマサギのオスの間には、営巣地内での争いから優劣の関係(順位)ができています。メスはそれを理解していて、強いオスの遺伝子を子に伝えようとしていると考えられます。

子には、よりよいオスの遺伝子を

DNAによる親子判定から、つがい相手(夫)とつがい外受精を起こしたオスの性質を比べた研究もあります。スウェーデンのオオヨシキリでは、メスはつがい相手よりも複雑なさえずりをするオスとの間で、つがい外受精を起こすことがわかっています。分析された10羽のつがい外受精のヒナのすべてで、巣のオス親よりも遺伝的親(実父)のほうが、さえずりに含まれる音の種類数が多くなっていたのです。さえずり以外に比較をした年齢、体の大きさ、一夫多妻の度合い(獲得メス数)、なわばりを確立した日(優れたオスは早くなわばりをもつと考えられる)は、オス間で違いがありませんでした。メスは夫とよそのオスのさえずりを聞き比べていて、複雑なさえずりをしているオスとつがい外交尾をしているわけです。

スウェーデンのオオヨシキリでは、複雑なさえずりをするオスの子は、翌年以降も生き残り繁殖地に帰還する割合が高いことがわかっています。複雑なさえずりは、オスが優れた遺伝子をもつことを表しており、メスはそれを目印にして子の父を選んでいると考えられます。

メスはつがい相手を選び抜くだけではなく、つがいになった後も、子の父親となる交尾の相手を選び続けます。さらに、複数のオスと交尾をした後、どのオスの精子で卵を受精させるかをもコントロールしているのではないかと考えている研究者もいます。メスのおなかの中での精子選択はどうなっているのでしょうか。興味がもたれるところですが、まだはっきりしたことは何もわかっていません。

紫外色で見ないとわからない

紫外線で見える世界とは？

鳥は、ヒトには見えない紫外線が見える、ということを聞いたことがある方もいると思います。紫外線を感知できる鳥には、どのような世界が見えているのでしょうか。

ヒトの目の網膜の細胞には、光を吸収する物質（視物質）が3種類あります。光にはさまざまな波長（＝波の長さ）のものがありますが、私たちは、これらの視物質が吸収する範囲の波長の光を感じることができます（図5）。太陽からふりそそぐ光は、いろいろな波長の光が含まれた白色光です。コルリのオスが青く見えるのは、羽毛にあたった太陽光のうち、波長の短い青色の光だけが反射され、ほかの波長の光が吸収されているからです。ベニヒワの額が赤いのは、波長の長い赤い光だけを反射しているためです。このようにして、物体の色は私たちに認識されています。

鳥は、ヒトと異なり、視物質を4種類もっています。そして、そのうちのひとつは波長の短い紫外線を吸収するものです（図5）。そのため、鳥は、ヒトが感知できる範囲の波長の光に加えて、紫外線を見ることができるのです。もし、ある物体が、ヒトの感知できる範囲の波長の光をすべて吸収していると、私たちには黒と認識されます。しかし、その物体が紫外線を反射する性質をもっていれば、鳥にはその光が見えるはずです。それは「紫外色」というべき色の光です。物体の中には、紫外線を反射するだけではなく、紫外線と青い光を反射するものもあります。そのようなものは、鳥には、紫外色プラス青色という、私たちには想像できない色に見えていることでしょう。鳥たちは、単に、ヒトには見えない紫外線が見えるというだけではなく、私たちとは異なる、より複雑な色の世界を見ているのです。

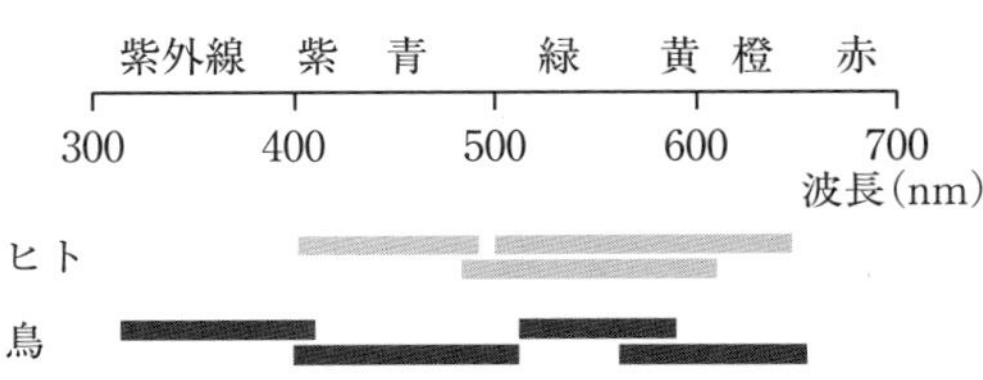

図5　ヒトと鳥の視物質が吸収する光の波長
ヒトは3種類の視物質をもち，紫から赤の領域の光(可視光線)を感じる．鳥は4種類の視物質をもち，紫外線領域を含む光を感じることができる．灰色と黒色のバーは，それぞれヒトと鳥の視物質が吸収する波長の範囲を示す．それぞれの視物質は範囲の中心部分で感受性が高く，周辺部で徐々に感受性が低くなるので，線で示した範囲はおおよそのものである．

紫外色の鮮やかなオスはもてる

この章のはじめで紹介したメキシコマシコで、赤い色が鮮やかなオスほどメスに好まれたように、鮮やかな羽色のオスはメスにもてるのが一般的です。紫外色についても同様に、紫外線をよく反射するオスがメスに選ばれることが予想されます。

アオガラはヨーロッパでふつうに見られるシジュウカラの仲間で、頭の上に青い冠羽(かんう)をもっています。冠羽は青い光とともに紫外線を反射しており、紫外線の反射はメスよりも

オスで強いことがわかっています。このアオガラで、飼育条件下でメスに2羽のオスを提示する実験を行なったところ、メスは冠羽の紫外線反射が強いほうのオスの近くにいることが多いという結果が得られています。メスは紫外色の鮮やかなオスを好むようです。しかし、メスがオスをつがい相手に選んだことを示すために、どれだけ近くにいたかを計るという方法には、少々無理がありなす。実際に野外でメスがオスを選びつがいになるということは、メスが特定のオスのなわばりに定着し、巣を作り始めるということだからです。

マダラヒタキでは、野外の禽舎に巣箱を設置して、メスに2羽のオスを選ばせ、巣作りまでを観察する実験が行なわれました。2羽のオスの片方には、シリコンを含む液体に紫外線を吸収する日焼け止めクリームを混ぜて頭頂部と背に塗りました。これで紫外線をあまり反射しないオスができあがりました。もう一方のオスには、シリコンを含む液体だけを塗りました。すると、紫外線反射がわずかに強くなったオスができました。このような2羽のオスの組をたくさん作り、13羽のメスそれぞれに提示したところ、そのうち11羽が紫外線反射の強くなったオスがいる側の巣箱に巣材を運び始めたのです。おそらく野外でも、紫外線反射の強いオスが、つがい相手としてメスに選ばれているのでしょう。

どうやら、メスの鳥は紫外色についても、ほかの色と同様に鮮やかなオスを好むようです。

つがい外交尾でも紫外色が大切

日本ではなかなか見ることができませんが、オガワコマドリは、オスの喉がきれいな青色をした、バードウォッチャーに人気の小鳥です。オスの喉は、紫外線もよく反射することがわかっています。

この鳥では、野外で興味深い実験がなされています。喉に紫外線吸収剤と油を塗ることで紫外線反射を弱くしたオスと、油だけを塗って紫外線反射が元のままのオスを作り、その後放逐してメスに選ばれるかどうかを観察したのです。2年間にわたって、紫外線反射を弱くしたオスと元のままのオス、それぞれ40羽近くの繁殖成績が記録されました。

その結果、紫外線反射を弱くしたオスでは、つがい相手の産卵開始日が遅いことがわかりました。メスにもてないので、つがい形成が遅くなったためと考えられます。また、DNA

による親子判定から、紫外線反射を弱くしたオスは、つがい相手のメスがつがい外交尾をよくしている一方、自らはつがい外交尾に成功していないこともわかりました。オスは、鮮やかな紫外色をもっていないと、つがい外交尾の相手としてもメスに選んでもらえず、またつがい相手はほかのオスを求めてしまうというわけです。

実際に野外でも、紫外色によるメスの選り好みがはたらいているのは確かなようです。

謎が深い紫外色

なぜ、メスは紫外色が鮮やかなオスを好むのでしょうか。その理由は、まだよくわかっていません。例えば赤や黄色の羽を作る色素はカロテノイドであり、その元は食物です。したがって、赤や黄色の鮮やかなオスは、食物を得る能力が高いことを示しています。紫外線を反射する羽毛をもつことは、オスにとって何らかの困難(コスト)を伴うものなのでしょうか。そして、そういう羽毛をもつことは、オスがそのコストに耐えうる高い質をもつことを示しているのでしょうか。セキセイインコで、紫外色の鮮やかなオスは健康を保つ免疫の能力が高いという研究はあるものの、これらの問いにはまだほとんど答えが与えられていません。

しかし、いずれにしても、鳥たちの雌雄関係は、私たち人間には見ることのできない、紫外線を含む色の世界を考えなければ正確に理解することができないものだと言えるでしょう。

メスにコントロールされるオス

性の役割の逆転

多くの鳥では、なわばりを張ったり、ディスプレイで異性を誘ったりするのはオスです。また、オスは一夫多妻になることや、つがい外交尾を成功させることで、多くの子を残そうとします。そのため、オス同士はメスをめぐって互いに競い合う関係となっています。

これとは逆に、メスがオスを獲得することに力を注ぎ、互いに争うという鳥はいないのでしょうか。いるとすれば、メスが多くのオスと関係をもつことによって多くの子を残すことができる、という状況にあるはずです。つまり、メスが子の世話をまったくせず、産卵したら抱卵や育雛(いくすう)をオスに任せ、次のオスを得てまた産卵する、というような鳥です。

このような性の役割の逆転*は、一妻多夫の鳥で起きています。例えば、水田や湿地にすむタマシギがそうです。タマシギのメスは、互いに争ってなわばりを張り、オスの前で翼を高く上げて求愛します。つがいになったメスは、オスが作った巣に3～6個の卵を産むと、その後の世話はオスに任せてそのオスを離れ、ほかのオスを探して求愛します。タマシギはオスが地味な色をしているのに比べ、メスのほうが派手で目立つ色をしており、この点でも多くの鳥と逆になっています。

一妻多夫の婚姻形態をもつ鳥は少なく、全種の1%以下と言われています。日本で繁殖する種では、奄美から沖縄にすむミフウズラもタマシギ同様メスのほうが目立つ羽色をしており、一妻多夫ではないかと考えられています。しかし、草むらに潜むため観察が非常に難しく、生態はほとんどわかっていません。

＊ Sex-role reversal という学術用語の訳であり、異性を求めるのがオス、子の世話をするのがメスであるのが本来だ、あるいは正常だという意味合いはない。

レンカクのオスはつらいよ

長い足指をもち、湿地の水草の上を歩き回るレンカク類は、一妻多夫の研究が進んでいるグループのひとつです。その名の通り南米にすむナンベイレンカクは雌雄同色ですが、メスがオスより大きく、体重でオスの1・5倍もあります。メスのなわばりの中には1～4羽のオスがいて、一妻多夫となっています。28日間にわたる抱卵はオスだけで、50～60日に及ぶ育雛もオスが主体となって行なわれます。

ナンベイレンカクのオスは、単独で子の世話をしているだけではありません。自分が世話をしている卵やヒナが、自分の子ではないことさえあるのです。考えてみれば、1羽のメスのなわばりに複数のオスが繁殖しているのですから、ほかのオスとの交尾で受精した卵が自分の巣に産みこまれる可能性は十分にあります。DNAを用いた親子判定から、オス全体の

18%がほかのオスの子（を含むヒナたち）を育てていることがわかっています。もてるメスで夫が3羽以上いる場合には、実子ではない子を世話しているオスは50%にものぼります。メスとしては、少しでも優れたオスの精子で卵を受精させるため、当然の行動と言えますが、オスにとってその被害は大きなものと言えましょう。

繁殖の途中でなわばり所有者のメスが交代した場合、オスにとってもっと悲惨なことが起こります。新たなメスが、子を殺してしまうのです。自然状態で詳しい観察はなされていませんが、なわばり所有者のメスを除去した実験によると、翌日には新たなメスがなわばりを奪い、4〜5日のうちにヒナ殺しが起きたということです。ヒナを連れていたオスたちはメスからヒナを守ろうとすることもありましたが、自分より大きなメスの攻撃を止めることはできませんでした。メスはヒナがいなくなったオスに求愛し、するとオスは交尾（と思われるマウンティング）を行ないました。

新たになわばりを得たメスは、オスの子育てを中断させなければ、自分の子を残すことはできません。自分の子育てをさせられるという利益があるので、子殺し行動が進化したのは明らかです。

交尾でオスをコントロールするメス

高山の山頂付近で繁殖するイワヒバリは、多夫多妻の変わった繁殖システムをもっていま

す。乗鞍岳で長年調査を行なった中村雅彦さん（当時、大阪市立大学大学院）の研究を紹介しましょう。

雪が溶けた5月、冬を過ごした低地から戻ってきたイワヒバリは、グループを作って繁殖を始めます。グループは雌雄それぞれ4羽程度からなり、同性の個体間には順位がありす。求愛はグループの中で行なわれますが、多くの鳥とは異なり、メスがオスを誘います。メスは尾羽を上げて、真っ赤になった総排出腔を見せながら、お尻を小刻みに震わせます。そうして、複数のオスと何度も交尾を繰り返すのです。

この変わった行動からメスはどのような利益を得るのでしょうか。交尾のときに求愛給餌を受ける利益があるとか、交尾回数が少ないと精子が不足するということがあるのでしょうか。中村さんの観察によると、交尾のときにメスが餌をもらえるというわけではありませんでした。また、交尾回数が多いと無精卵が少なくなるという傾向もありませんでした。

メスはグループ外のオスとは出会っても決して求愛行動をとりませんでした。実は、オスはグループ内で頻繁に交尾をしたメスの巣で、子育てを手伝います。そういう巣のヒナは、自分の精子で受精した可能性が高いので、これは合理的な行動です。メスの立場からみると、オスの育雛援助を引き出すために、交尾をさせていたことになります。

高山の厳しい環境では、オスの育雛援助はたいへん重要です。2羽以上のオスが手伝った巣では、ヒナの餓死はほとんど起こりませんでしたが、1羽のオスだけが手伝った巣では30%で、オスの手伝いがないと60%近い巣で、ヒナの餓死が起きていました。グループ内で順位の高いメスは、順位の低いメスがオスに求愛していると、邪魔をして交尾を妨げます。そして、自らはグループ内の多くのオスと頻繁に交尾をして、多くのオスにヒナの世話を手伝ってもらうのです。その結果、順位の高いメスは、順位の低いメスよりも多くのヒナを、しかも生き残る確率の高い、体重の重いヒナを育て上げることに成功します。

高山という特異な環境では、子育てを手伝ってくれるものとして、オスはメスにとって貴重な資源となっており、メスは交尾によってそのオスをコントロールしていると言えましょう。

中村さんは、調査期間中、家財道具を積み込んだ自動車で寝泊まりを続け、最後には気の毒に思った山小屋の人が援助を申し出てくれたそうです。調査の手伝いに行ったことがある知り合いによると、ザイルで宙づりになりながら、岩の割れ目に手を入れて巣を調査する中村さんには、鬼気迫るものがあったと言います。ある種の鳥の生態が明らかにされ、私たちが彼らの真の姿を知ることができるのは、そうした若者が数年間青春をかけて調査に没頭した結果であることが多いのです。

3　子育ては悩みが多い

男の子は手がかかる？——ヒナの性と子育て

ヒナがオスだとがんばるウミガラス

「女の子は手がかからない」「男の子は育てるのがたいへん」という話を聞くことがあります。鳥の場合、ヒナがオスかメスかで、子育ての苦労は違うのでしょうか。

ウミガラスは海岸の崖で繁殖する海鳥です。日本では北海道の天売島（てうりとう）で少数が営巣するだけですが、太平洋と大西洋の北部に広く分布しています。ウミガラスは卵を1個だけ産み、両親で抱卵やヒナへの給餌をしますが、カナダでの研究から、ヒナがオスだと、子育てにより多くのエネルギーを注ぐことがわかっています。

父親の給餌の様子を見たところ、ヒナがまだ小さいうちは、ヒナがオスでもメスでも同程度の給餌を行なっていましたが、ヒナが成長して巣を離れる時期が近づくと、ヒナがオスの場合にだけ大幅に給餌量を増やしたのです。母親の給餌のしかたには、このような変化は見

られませんでした。

また、複数年繁殖を観察することができたつがいについて、ヒナがオスであった年とメスであった年の給餌量を比べると、父親も母親も、ヒナがオスであった場合には、給餌量が約26％多いことがわかりました。ウミガラスは海でカラフトシシャモなどの魚を捕らえ、ヒナに運びます。給餌は重労働のようで、育雛（いくすう）の時期、親鳥はやせていきます。この体重減少量は、ヒナがオスであると、1日あたり7gにもなります。これはヒナがメスの場合の3倍にあたります。ウミガラスの成鳥の体重は1kgあまりなので、60kgのヒトの場合、単純に計算すると、毎日400gずつ体重が減ることになります。

ウミガラスが、ヒナがオスであると、いかにがんばって子育てしているかがわかります。

親はヒナの性がわかるのか

ウミガラスの研究では、ヒナの羽を採取してDNA分析を行なうことで、研究者はヒナの性を知ることができました。鳥の親はヒナを見て、その性を知ることができるのでしょうか。親にヒナの性がわからなくても、例えば、オスのヒナは大きいとか、餌乞いの声が大きいということがあって、親がそれに反応しているためにオスの子に多く給餌しているように見えているだけということも考えられます。

こういうことを調べるには、飼い鳥による実験が一番です。ランカスター大学(イギリス)のマインウォーニングさんらによるキンカチョウを用いた実験を紹介しましょう。ペットとして有名なキンカチョウは、実験動物として世界中で用いられています。マインウォーニングさんは、多くのつがいを繁殖させ、ヒナの大きさによる影響を調べるため、人為的にふ化日をそろえたりずらしたりしました。また、餌乞いの強度を4ランクで記録し、その影響も考慮した統計解析を行ないました。その結果、同じ大きさのヒナが同じ強さで餌乞いをした場合でも、親はヒナの性によって給餌のしかたを変えていることがわかったのです。

例えば、10gのヒナが激しく餌乞いをした場合、キンカチョウの母親はオスのヒナには0.55、メスのヒナには0.37の確率で給餌しました。つまり、オスのヒナならば2回に1回以上餌をもらえるのに、メスのヒナだと3回に1回強しか餌がもらえなかったのです。ただし、このような区別は父親には見られませんでした。

どうやら鳥の親は、ヒナを見ればその性がわかるようです。しかし、どのようにして見分けているのかは、まだまったくわかっていません。

オスの子を優遇する理由

なぜ、鳥の親はメスではなくオスの子に対して、手厚く世話をするのでしょうか。その理由のひとつは、成長したとき、オスのほうがメスよりも大柄であるためだと考えられます。タカやハヤブサの仲間などの例外を除くと、成鳥ではオスのほうがメスよりも大きいのが一般的です。先に紹介したウミガラスではオスの体重はメスより5%ほど重くなっています。小鳥類でも、オスはメスの数%から十数%重い体をもっています。子を育て上げる親としては、オスのヒナには多く給餌せざるを得ないと考えられます。

また、オスはメスに比べて繁殖成功のばらつきが大きな性です。優れたオスは一夫多妻になる一方で、劣ったオスはつがい相手を得られないということもあります。一夫一妻の種でも、優れたオスはよいなわばりをもつことができたり、つがい外交尾に成功したりして、多くの子を残すことでしょう。そのため、親としては質の低い息子を育てても孫を残せる望みはうすくなりますが、質の高い息子を育て上げれば子孫の繁栄が期待できます。そこで、子の養育において、子の性による区別が生じていると考えられます。

一夫多妻のオオヨシキリでは？

野外で、ヒナの性による給餌の違いを調べるのはふつうの鳥では相当たいへんです。巣の中にいる複数のヒナについて、1羽1羽を区別できる状態で、親の給餌を受ける様子を観察しなくてはならないからです。実際には、ヒナたちの頭にそれぞれ異なる目立つ印を貼り付けて、長時間、巣をアップでビデオ撮影するようなことになるでしょう。しかも、それを多くの巣で行なわなくてはなりません。

しかし、そんなことをしなくても自然の状態で、オスのヒナが多い巣もあれば、メスのヒナばかりという巣もあります。それを利用すれば、巣にいるヒナの性と親の給餌努力を調べることができそうです。

このやり方で、日本のオオヨシキリで調査がされました。その結果、オオヨシキリの父親は、巣のヒナに占めるオスの割合が高いほど、高い頻度で巣に餌を運んでくることがわかりました。やはり、オスの子を育てるときにはがんばるようです。しかし、母親では巣のヒナの性比と給餌頻度の間に相関は見られませんでした。

鳥たちにとって子育ては大仕事です。場合によっては、自らの寿命を縮めていると言ってもよいでしょう。それだけに、子を育てるときの労力の配分は、少しでも有効なものとなるよう調節されているのです。しかし、ヒナの性を調節するのが、なぜ父親だけだったり母親だけだったりするのか、子の性をどのようにして知るのかなど、まだまだ謎が残っていると言えましょう。

鳥はオスが長生き？

成鳥ではメスよりオスが多い？

日本人の平均寿命は、男性で81年、女性で87年になりました（厚生労働省、平成28年簡易生命表による）。ヒトでは、女性のほうが長生きであるのは明らかです。鳥ではどうでしょうか。死亡の過程は、性によって違いがあるのでしょうか。

成鳥の性比を調べた研究によると、多くの種でオスとメスが半々になってはいないことがわかっています。繁殖できる年齢（多くの小鳥では1歳以上）の個体で雌雄の割合をみると、統計的に1対1から偏りが見いだされなかった種は全体の35％だけで、オスよりもメスのほうが多い種が8％、メスよりもオスのほうが多い種が57％もありました。もともと、鳥ではオスが多く生まれるから、成長してもオスが多いというわけではありません。どの種でも、生まれてくる子（卵）は雌雄半々程度で、性比に偏りはないことがわかっています。つまり、メスのほうがオスよりも早く死んでしまう傾向があるために、成鳥では生き残ったオスが多くなり、性比がオスに偏っているのです。

図6はスズメ目の各種について雌雄の年間死亡率を示したものです。年間死亡率が0・5とは、1年で半数のものが死んでしまうことを意味します。鳥類では、人間のように青年、

壮年期には死亡率が低く、高齢になると死亡率が高くなるということはなく、繁殖年齢に達した個体は毎年ほぼ一定の割合で死んでいきます。図を見ると、種によって年間死亡率に違いはあるものの、右上がりの線が多いことがわかります。これは、オスよりもメスの年間死亡率が高いことを示しています。つまり、毎年どんどんメスが減っていくわけです。それに対して、図で右下がりの線は少なく、オスよりもメスの死亡率が低い種は少ないことがわかります。

鳥では、雌雄の死亡の経過に差があり、メスが死亡しやすい性となっていることがわかります。

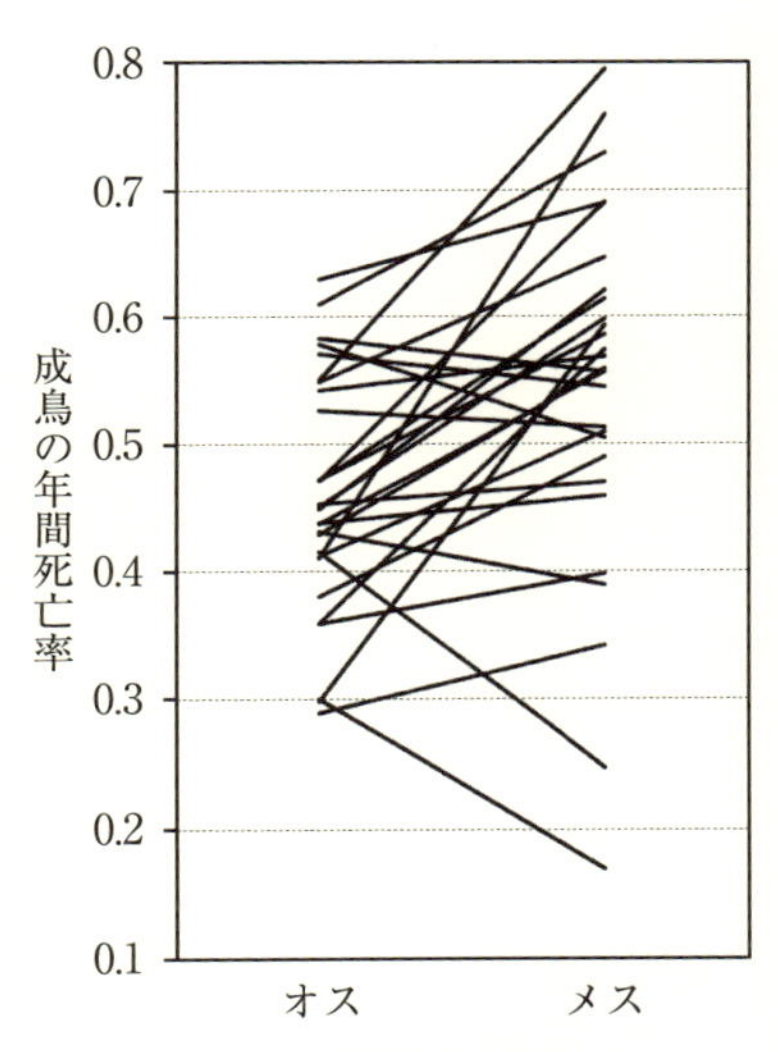

図6　成鳥の死亡率の性差　スズメ目（小鳥類）の28種について，雌雄それぞれの1年あたりの死亡率をプロットし，同じ種のものを線でつないだ．（Promislow, D. E. L., Montgomerie, R. and Martin, T. E.（1992）*Proc. R. Soc. Lond. B* 250: 143-150より描く）

子育ての苦労で短命に

なぜ、メスの死亡率は高いのか。有力な要因は、繁殖、子育ての負担です。ヒナの世話はオスも手伝う種が多くいますが、産卵、抱卵はメスが主体となる仕事です。スズメ目では73%の種で、オスがまったく、あるいはほとんど抱卵を手伝いません。子育ての負担はオスよりメスのほうが大きいというのが、一般的な傾向です。

抱卵が命を縮めることにつながるのは、捕食者に襲われやすくなるからです。巣の外で元気に飛び回っているときと違って、巣の中にいるときには、卵もろともに捕食者の餌食となってしまう危険があるのです。樹洞(じゅどう)に営巣するシジュウカラは、「ヘビが来た」というつがい相手の警戒声を聞けば、抱卵中のメスは巣から飛び出して逃げますが、もしオスがいないときにヘビが巣に侵入してきたら逃れる術(すべ)はないでしょう。

カップ状の巣を作る鳥でも、抱卵中は捕食者の接近に気づくのや逃げるのが遅れてしまう危険があります。ヨーロッパのマミジロノビタキでは、農地に営巣した場合、抱卵中は草刈機が間近に来るまで逃げない傾向があり、そのため実際に機械に巻き込まれてしまうメスがいるとのことです。本物の捕食者の接近についても、同様のことが起きている可能性があります。

抱卵はエネルギーを使うので、そのこと自体がコストになるという説もあります。抱卵は、ただ卵の上に座っているだけで休んでいるのと同じようにも見えますが、実際には安静時の基礎代謝量の1・6倍ものエネルギーを消費しているという研究があります。この負担もメスの死亡率の上昇に関係しているかもしれません。

性染色体仮説

ここまで読んで、「哺乳類もメスで子育ての負担が重いのに、哺乳類はメスのほうが長生きなのでは？」と思った方もいると思います。ヒトだけでなく、多くの哺乳類では、鳥とは逆にメスよりもオスで死亡率が高くなっています。妊娠から出産、授乳とメスの負担は鳥以上に大きいはずですが、なぜメスがオスよりも長生きなのでしょうか。鳥ではメスで、哺乳類ではオスで、遺伝的に生存力の低い個体が生まれやすくなる、という説を紹介しましょう。

哺乳類は性染色体に2種類のものがあり、それぞれX染色体、Y染色体と呼ばれます。メスはX染色体を2本、オスはX染色体とY染色体を1本ずつもっています。鳥類では、これと裏返しのようなしくみで性が決まっています。つまり、ZとWの2種類の性染色体があり、オスはZ染色体を2本、メスはZとWの染色体を1本ずつもっています。

染色体上の遺伝子には、突然変異で生じた生存上不利になるものが稀に含まれます。例えば、運動能力が劣る、病気になりやすいなどといった遺伝子です。もし、哺乳類のX染色体上にそういう遺伝子があった場合、メスでは2本のうち1本でも正常な遺伝子をもっていれ

ば異常は表面化しないので、たいていの場合は生存上不利にはならず健康に生活できます。しかし、オスではX染色体が1本しかないので、生存上不利な遺伝子を1つもっているとすぐにその効果が現れてしまい、死亡しやすくなります。鳥でも同様で、Z染色体上の遺伝子に突然変異が生じた場合、メスでその影響が現れやすいので、死亡率が高くなるという理屈です。

この仮説は、筋が通っていて、なかなか魅力的です。しかし、実証するのが難しく、まだ研究が進んでいない状況です。

オスの死亡率を高くする要因

メスのほうが長生きをする傾向の鳥も、少ないながらいます。なぜ、一部の種では、オスのほうが死亡しやすいのでしょうか。

オス間の競争が激しい種では、オスの死亡率が高くなるという傾向が知られています。例えば、一夫多妻につがっているオスの割合が高い種ほど、メスに比べてオスの死亡率が高くなる傾向があります。一夫多妻傾向の強い種では、オス間の競争が激しく、それが死亡率を高めていると考えられます。また、体のサイズに比べて精巣が大きな種ほど、オスの死亡率がメスを上回る傾向があります。交尾回数が多くたくさんの精子を生産している種では、交尾をめぐる競争が激しく、それがオスにとってコストになっていると考えられます。

いずれにしても、多くの鳥で死亡の経過は雌雄で異なっており、同性内の競争や子育てのコスト、そして性染色体上の有害遺伝子の影響といった要因が複合してはたらいているようです。しかし、多くの種で子育ての負担はメスのほうに重く、オスが長生きをしていると言えるでしょう。

ヘルパーになるという選択

よその巣を手伝う

鳥の巣を見たとき、子の世話をしている個体は当然親だ、と誰もが思います。しかし、一部の鳥では、両親以外の個体が巣に通ってきて、子育てを手伝うことがあります。このような手伝いをする個体を「ヘルパー」と呼びます。

例えば、エナガのヘルパーは抱卵中のメスや、ふ化したヒナに餌をもってきます。また、巣立った後の家族群でも、親と一緒にヒナの世話をします。「鳥もやさしい心をもっていて、協力し合うのだなあ」と納得してしまいそうですが、考えてみるとヘルパーはとても不思議な存在です。

ヘルパーは、自分自身が巣を営んで繁殖することをせずに、よそのつがいの子を育てています。ヘルパーになるということは、自分の子を残さないことになるわけで、そのような性質が進化することはないはずです。厳しい進化の淘汰圧(とうたあつ)のもとでは、ヘルパーになるのではなく、自分自身で繁殖して子を残すものが繁栄するのではないでしょうか。

今日見られるような、ヘルパーになるという行動が進化してきたのはなぜなのでしょうか。

血縁淘汰

自分の子を残さない性質は、鳥のヘルパーだけではなく、アリやハチのワーカー（働きバチや兵アリなど）にも見られます。このような動物の自己犠牲的行動がなぜ進化するのかを説明する画期的な理論が、1964年にイギリスのハミルトンさんが唱えた血縁淘汰説です。

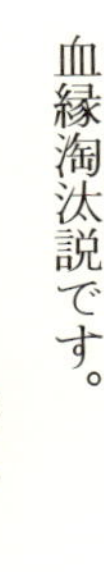

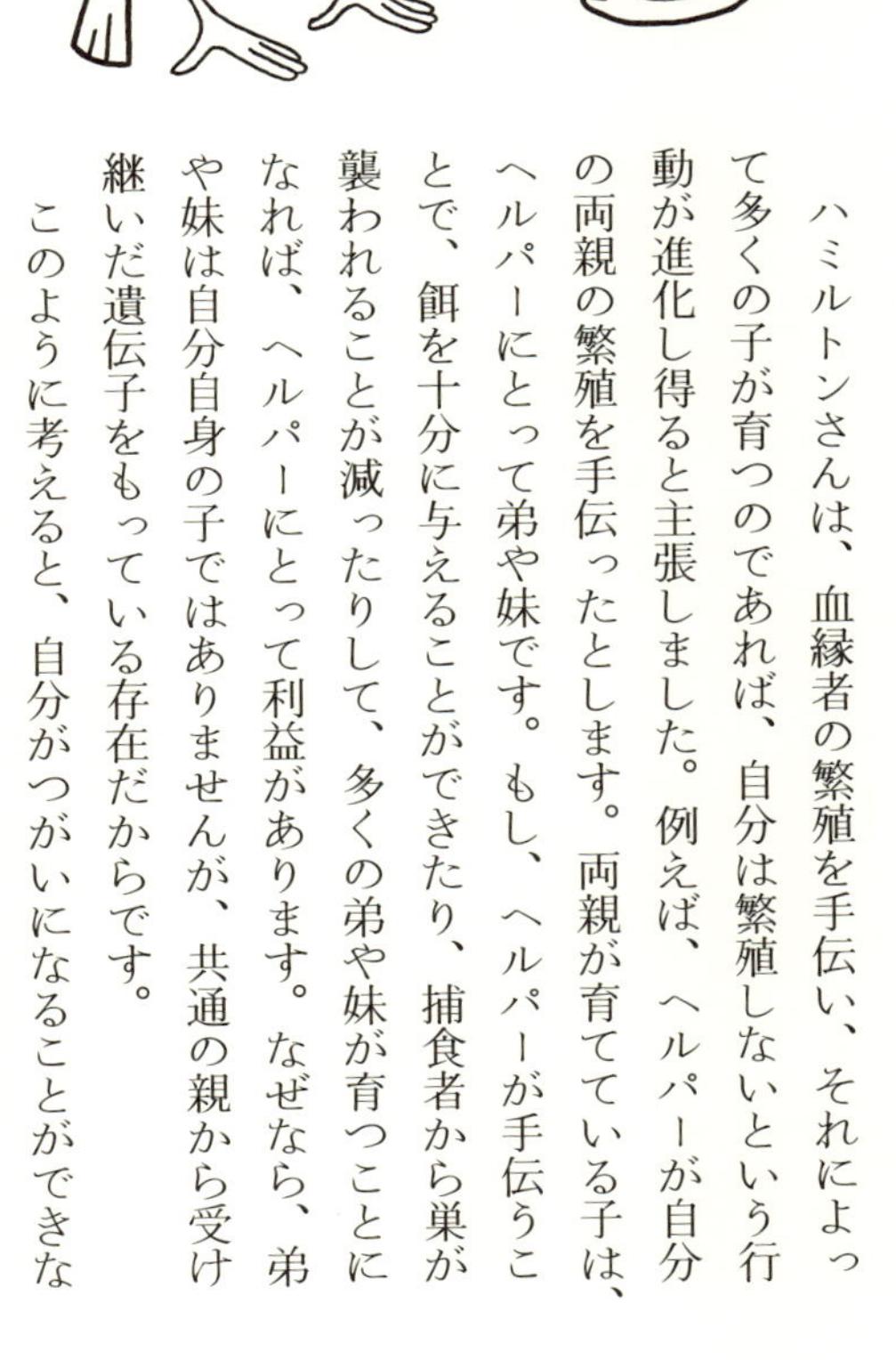

ハミルトンさんは、血縁者の繁殖を手伝い、それによって多くの子が育つのであれば、自分は繁殖しないという行動が進化し得ると主張しました。例えば、ヘルパーが自分の両親の繁殖を手伝ったとします。両親が育てている子は、ヘルパーにとって弟や妹です。もし、ヘルパーが手伝うことで、餌を十分に与えることができたり、捕食者から巣が襲われることが減ったりして、多くの弟や妹が育つことになれば、ヘルパーにとって利益があります。なぜなら、弟や妹は自分自身の子ではありませんが、共通の親から受け継いだ遺伝子をもっている存在だからです。

このように考えると、自分がつがいになることができなかった場合などには、何もせずに無為な時間を過ごすよりも、ヘルパーとなって血縁者の繁殖を手伝うことが、進化において有利な性質であることがわかります。

血縁淘汰説が提唱されると、この理論でヘルパーの進化を説明できるのではないかと、いくつもの研究がなされました。そして、ヘルパーと繁殖個体の間に血縁のある場合が多いことが報告されました。日本のオナガでもヘルパーが見られ、長野県で個体識別された群れの観察がなされています。それによると、生まれた翌年に自ら繁殖することなく、親や兄弟の繁殖を手伝っているケースが多いとのことです。

ヘルパーがつくことで、本当に多くの子が育つようになっているかどうかも調べられています。ヨーロッパ(イベリア半島)にもオナガがいますが、スペインでは、ヘルパーがいる巣は捕食にあいにくくなり、また巣立ちに至った場合に巣立つヒナの数が多くなります。卵のふ化した巣が、平均で何羽のヒナを巣立たせることができるかを計算すると、ヘルパーなしでは1・5羽、ヘルパーつきでは3・0羽でした。ヘルパーがいると、育つ子の数が2倍にもなります。子の数の増えた分がヘルパーの貢献によるものです。これが、ヘルパーが手伝い行動によって得た利益であり、手伝い行動が進化する原動力です。

手伝いをする複雑な事情

多くの種について、ヘルパーの研究が蓄積されてくると、血縁淘汰説では説明できないケースも出てきました。ヘルパーがついても、繁殖成績がよくならない場合があるのです。例えば、水鳥のバンでは1回目の繁殖で育った若鳥が、両親の2回目の繁殖を手伝いますが、ヘルパーを人為的に取り除いても、育つヒナの数に変わりはありませんでした。これでは、ヘルパーは手伝う行動によって利益を得ていないことになります。また、ヘルパーがつくと、親がラクをできるので3回目の繁殖を行ないやすくなる(このことはヘルパーの利益にもなります)という可能性も検討されました。しかし、そのようなこともありませんでした。さらに、種によっては、ヘルパーが繁殖個体と血縁がないケースも多く見つかってきました。

ヘルパーが、血縁者の子孫の繁栄によって間接的な利益を得ていないのに、手伝う行動が進化しているとすれば、手伝うことにはもっと直接的な利益があるのだと考えられます。長期間、詳細に調査された研究により、ヘルパーの直接的利益がだんだんと明らかになってきました。

例えば、セイシェルヨシキリのメスは、ヘルパーをした経験があると巣作りがうまくなることがわかっています。ヘルパー経験がないメスが作った巣は、作りが雑で繁殖の途中で壊れてしまうことが多いのですが、ヘルパーをしたメスは丈夫で壊れにくい巣を作ることができます。

オスも親元にとどまることに利益がある場合、独立して繁殖することを目指さず、手伝いをすることがあります。オスは繁殖に適した場所になわばりを張り、メスを獲得しなくてはなりません。しかし、種によっては、よい環境の場所は乏しく、繁殖適地が飽和状態になっていることがあります。独立してなわばりの獲得を目指しても、成功して子を残すことは困難でしょう。そのような場合には、親元にとどまり、将来父親のなわばりを受け継いだり、近所に空きができたときになわばりを作ったりするのがよい作戦となります。実際、巣穴が不足しがちなホオジロシマアカゲラでは、親元にとどまったオスのほうが、最初から自立を目指したオスよりもトクであることが確かめられています。

さらに近年、驚くべきことが明らかになってきました。ヘルパーが子を残していることがあるというのです。DNAによる親子判定を行なったところ、セイシェルヨシキリのヘルパー(メス)のうち、何と44%が巣のメス(ヘルパーの母)とともに産卵し、子を残していました。交尾相手は近隣のなわばりのオスでした。こうなると、もはやヘルパーつきの繁殖と言うよりも、母娘の共同営巣と言うほうが適当かもしれません。DNAで調べてみれば、ヘルパーが子を残しているケースはほかにも見つかる可能性があります。

ヘルパーの理解は一筋縄ではいかないというのが、今日の状況です。巣にやって来て子の世話を手伝っているように見える「ヘルパー」たちは、さまざまな利益をめぐる進化によって生み出されたものなのでしょう。

4　捕食や托卵を防ぐには？

捕食を避ける巣場所選び

なかなかヒナは巣立たない

鳥の繁殖というと、巣を作り、産卵し、抱卵、育雛（いくすう）を経て、ヒナが巣立っていくという流れが思い浮かびます。しかし、実際には、巣立ちに至らない巣も多くあります。抱卵中のはずのキジバトの巣が空になっていたとか、ツバメのヒナがアオダイショウに襲われるところを目撃したという経験をもつ方もいると思います。卵やヒナが捕食されることによる繁殖の失敗は、頻繁に起きています。

私が今までに調査した種について、産卵が始まった巣のうち巣立ちに至った巣の割合を見ると、ウグイスは27％、コヨシキリは43％でした。これらは草を編んで巣を作る鳥ですが、巣箱で営巣するシジュウカラではもう少し成功率が高く64％でした。繁殖調査では、巣をチェックしに行くと、卵やヒナが全部いなくなって巣が空になっているということがあります。

シジュウカラの巣箱では、ヒナを丸のみにした後、アオダイショウが巣の中で休んでいることがあり、知らずに巣箱のふたを開けてのぞきこみ、ヘビとご対面ということも一度や二度ではありませんでした。

捕食を避けたい親鳥

当然、親鳥は繁殖を成功させるために、捕食を避けようとします。最も一般的な対抗策は、少しでも安全な、捕食者に襲われにくそうな場所に巣を作ることです。

樹洞（じゅどう）や巣箱で営巣するシジュウカラは、巣作りの前に巣穴の周りの頑丈さを厳しくチェックします。木がもろく、捕食者が容易に巣穴を壊してしまえるようだと、卵やヒナ、さらにはときとして親鳥自身も捕食されてしまうからです。私の調査地では、巣箱を3年、4年と使っているうちに、巣穴の周りの木材が徐々にぼろぼろと欠けてきます。最初は、肉食獣が巣を襲おうと爪や牙で傷をつけたのかと思っていたのですが、実際は親鳥のしわざでした。嘴（くちばし）でつついたり、噛（か）んだりして、頑丈さを調べていたのです。あまり念入りに調べるために、かえって巣穴の周りをぼろぼろにしてしまうのは滑稽ですが、自然の樹洞では営巣前に巣穴の安全性をチェックするのは重要なので、このような行動が身についているのでしょう。

また、多くの種で、親鳥は造巣中や産卵初期の巣を放棄し、よそで巣作りをやり直すことがあります。これも、巣の周辺に捕食者が多いなど、巣場所が安全ではないことに気づいて、巣場所を変えているものと考えられます。ハシブトガラスはしばしば複数の巣を作り、どの巣を使っているのか簡単にはわからないので、「だますためにニセの巣を作っているのだ」と言う人もいますが、捕食などを避けるために造巣途中で放棄したものだろうと私は思っています。

ツミの威光を利用するオナガ

カラスによる卵やヒナの捕食を回避する、オナガのユニークな行動を紹介しましょう。オナガは農地周辺の林などでルーズコロニー(緩やかな集合)を作って繁殖します。NPO法人バードリサーチの植田睦之(うえたむつゆき)さん(当時、日本野鳥の会研究センター)は、東京の市部では、オナガが猛禽のツミの巣の近くに営巣することを見いだしました。オオタカの仲間のツミはハトくらいの大きさで、スズメなどの小鳥をよく襲います。危険なツミの巣のそばを選んでオナガが巣を作ることは不思議に思えます。

植田さんは、ツミが自分の巣を守ろうとしてカラス類を追い払う行動をとるので、ツミの巣の近くではオナガの巣も安全になるのだと考えました。そこで、人工巣にウズラの卵を入れて樹上に設置する実験を行なったところ、ツミの巣から遠い所では1日後に全部が食われてしまっているのに、ツミの巣の50m以内ではほとんど食われることはありませんでした。また実際、ツミは巣から50m以内にカラスが入ってくると必ず攻撃を加えていました。オナガは、ツミのお陰でカラスが近寄ってこないことを利用して、捕食を免れていたのです。「虎の威を借る狐」ということわざがありますが、「ツミの威を借るオナガ」というところでしょうか。

なお、最近はカラス類が増加し、追い払いきれないツミが防衛行動をとらなくなったために、ツミの巣の近くにオナガが営巣することはなくなってきたそうです。

変化したウグイスの巣場所選び

親鳥の巣場所選択の基準は、比較的短期間で変化することがあります。伊豆諸島の三宅島は、ヘビも肉食獣も生息せず、小鳥たちは高密度で繁殖していました。残念なことに、そこにイタチが持ち込まれ、放されてしまいました。ネズミを駆除しようと、1980年代に一部の住民がひそかに放獣したとのことです。

2006年から、この三宅島でウグイスの調査をしていた私は、巣がずいぶん高い所に作られていることに気づきました。どうも、イタチが原因のようです。そこで、イタチが持ち込まれる前から、三宅島で精力的に鳥の調査を続けている樋口広芳さん(東京大学名誉教授)が記録していた、昔のウグイスの巣の高さを現在のものと比較してみました。すると、イタチの移入前（1970年代後半）には平均61 cmであった巣の高さが、移入後（2000年代後半）には1 m79 cmにもなっていたのです。中には4・5 mという、ウグイスとしては異常に高い巣もありました。

三宅島に持ち込まれたイタチは数を増し、現在ではかなりの高密度で生息しています。イタチは木にも登りますが、低い場所の鳥の巣をよく襲います。2007年に人工巣の実験を行なったところ、低い場所に設置した巣ほど、よく捕食を受けました。地上で活動することが多いアカコッコは、イタチの導入後急激に減ってしまっています。ウグイスは、イタチによる捕食を避けるために、高い所に巣をかけるようになったと考えてよいでしょう。この変化はイタチの移入後、わずか20年ほどで起きたことになります。人為的に移入された肉食獣の影響の大きさに驚かされます。

巣を高い場所に作ると、カラス類に襲われやすくなります。ウグイスに托卵するホトトギスに見つかりやすくなることも予想されます。移入イタチの影響は、生態系に広く及んでいることが懸念されます。

捕食者への対抗手段

皆でかかれば怖くない?

捕食者が巣を発見し、卵やヒナを襲おうとしている状態では、親が捕食者を追い払うのは困難です。しかし、巣があるあたりに捕食者がやって来ただけであれば、追い払うことができる場合もあります。

ウグイスのメスは、ヘビを見つけると近づいていき、「チャチャチャチャチャチャ……」とやかましく鳴きたてながら、周囲を跳び回ります。聞きつけたオスもやって来て、「ケキョケキョ……」とけたたましい谷渡り鳴きでそれに加わることもあります。

水田で営巣するケリや、河原で繁殖するコアジサシは、カラスや猛禽類がやって来ると、鳴き声をあげながら周囲を飛び回ります。ときには、身体的接触を伴うこともあります。このような行動はモビング(擬攻)と呼ばれ、捕食者を追い払う効果があります。ヒトの感覚で言えば、捕食者は「わずらわしくて、ここにはいられない」と逃げ出すわけです。

モビングには、周囲にいる多くの個体が参加します。ケリはふだんつがいごとになわばりをもって生活していますが、モビングには、近隣の個体がなわばりの境界を越えてやって来て参加します。ウグイスのメスがモビングのときに発する声を聞くと、メジロやヒヨドリまでもが集まってきます。自分の生活圏から捕食者を追い払っておけば、安全に生活できるという利益があるために、多くの個体が種を越えてモビングに参加するのだと考えられます。

協力しないとどうなるか

モビングは本来、襲われ、食われてしまう側の鳥が、捕食者を追い払う行動です。当然、うっかりするとけがを負ったり、殺されたりしてしまうというリスクがあります。よそのなわばりに捕食者が現れてモビングが始まったとき、自分が参加しなくてもすみそうならば、出かけていくのはやめておこうというのが人情（鳥情？）ではないでしょうか。なぜ、鳥たちは危険なモビングに協力するのでしょうか。

「協力しないと、自分も協力してもらえないから」という理由が考えられます。実証するのはなかなかたいへんですが、ラトビアにあるダウガフピルス大学のクラムスさんらは、巧みな実験によってこの「しっぺ返し」があることを検証しました。

実験の対象は、夏鳥のマダラヒタキです。まず、渡来前に三つの巣箱を互いに50ｍ離して設置しておきます。マダラヒタキが渡来、営巣したら、ヒナが6日齢ほどに育った時点で、巣箱の前に捕食者であるモリフクロウの剝製を提示して、モビングを引き起こすという作戦です。

1回目の剝製の提示では、A、B、Cの3つがいのうちBのつがいをあらかじめ捕獲して

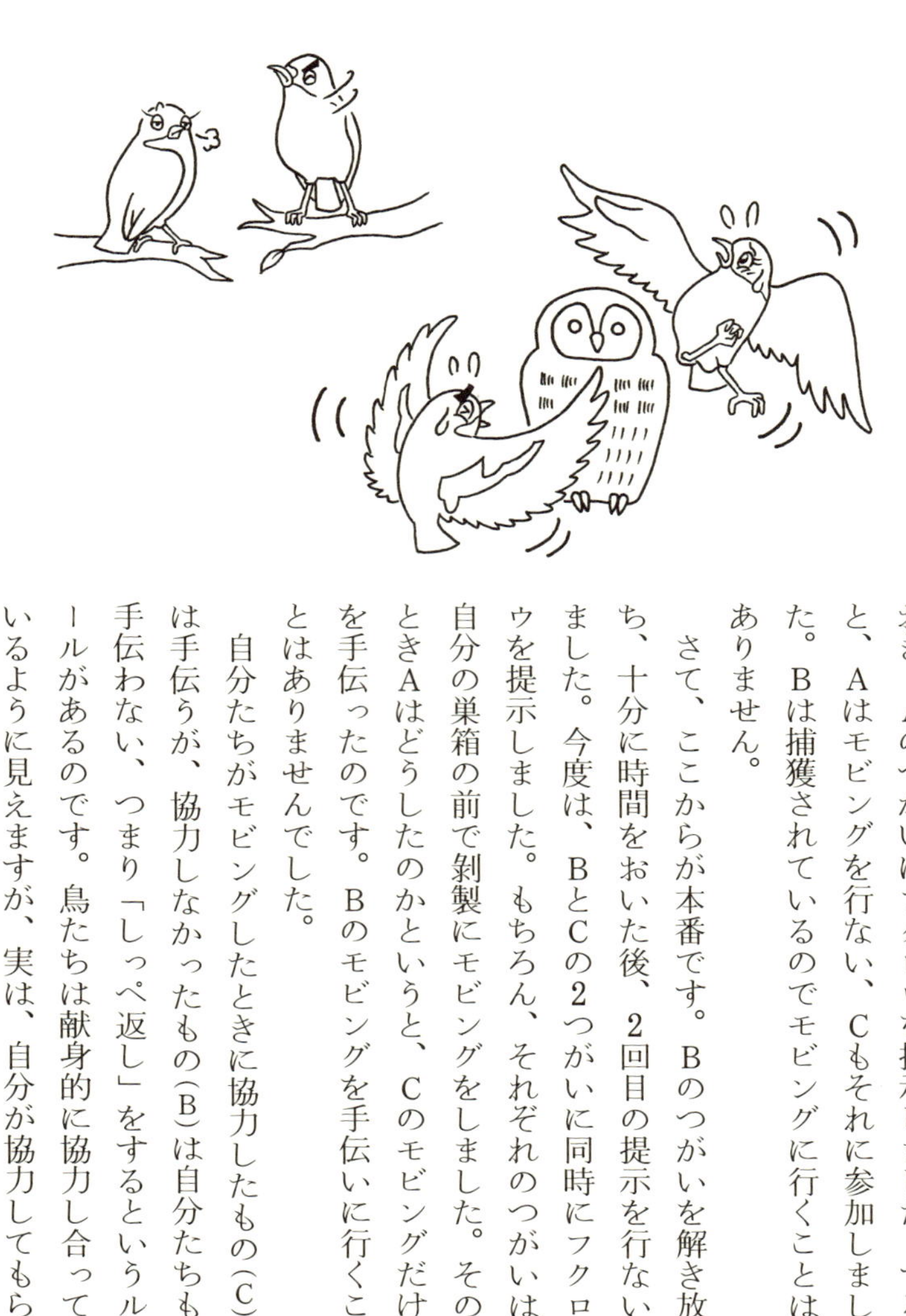

おき、Aのつがいにフクロウを提示しました。すると、Aはモビングを行ない、Cもそれに参加しました。Bは捕獲されているのでモビングに行くことはありません。

さて、ここからが本番です。Bのつがいを解き放ち、十分に時間をおいた後、2回目の提示を行ないました。今度は、BとCの2つがいに同時にフクロウを提示しました。もちろん、それぞれのつがいは自分の巣箱の前で剥製にモビングをしました。そのときAはどうしたのかというと、CのモビングだけをBのモビングを手伝いに行くことはありませんでした。

自分たちがモビングしたときに協力したもの(C)は手伝うが、協力しなかったもの(B)は自分たちも手伝わない、つまり「しっぺ返し」をするというルールがあるのです。鳥たちは献身的に協力し合っているように見えますが、実は、自分が協力してもらえるという利益があるので、よそのモビングにも参加しているのです。

親の合図で身を守るヒナ

巣が捕食者に見つかり、ヒナが襲われてしまうという切羽詰まった状況でも、ときとして身を守る手段のあることが、近年、日本で発見されました。対象はシジュウカラです。シジュウカラは樹洞に営巣するので、ヒナは巣から出なければ、カラスのような捕食者に捕まることはありません。しかし、小さな穴から入ってくるヘビには、樹洞の巣も安全ではありません。

立教大学の大学院生であった鈴木俊貴さんは、シジュウカラの親はヘビを見つけると「ジャージャー」、カラスを見つけると「チカチカ」という異なる警戒声を出すことに気づきました。そして、巣内のヒナは「ジャージャー」を聞くと巣から飛び出し、「チカチカ」を聞くと巣の中で姿勢を低くしてじっとしていることを見つけたのです。ヒナは、ヘビが近づいているのであれば、少し時期が早くても巣立って逃れ、巣に入ってこないカラスであれば、嘴でつまみだされないように身を伏せるわけです。鈴木さんが、巣立ちが近い巣の近くで実験的に親の警戒声を再生したところ、「ジャージャー」では必ずヒナが飛び出し、「チカチカ」ではヒナが飛び出すことはなく、じっとしていました。

ヒナが捕食者に応じて適切な行動をとって身を守っているばかりでなく、親と子が会話をするかのように音声でコミュニケーションをとっているとは、驚くべきことです。

身近なシジュウカラがもつ、このような興味深い行動が、なぜ今まで知られていなかったのでしょうか。その理由は、観察の機会が極めて限られている行動だからです。巣立ち直前の巣で、ヘビが近づいている状況でヒナがわらわらと出てくる場面に出会わなければ、このようなことには気がつかないでしょう。また、そのような機会に遭遇しても、漫然と見ていたのでは、親子のコミュニケーションに気づくものではありません。鈴木さんは、いつも目と耳をはたらかせ、「なぜ鳥がそうしたのか」を考えながら観察していたからこそ、発見できたのです。

巣の捕食は、鳥が繁殖を失敗する最大の要因であり、次世代を残そうとする親への強い淘(とう)汰圧(たあつ)となります。おそらく、シジュウカラ以外の鳥も捕食を避けようと、さまざまな行動をとっていると思われます。

托卵鳥と宿主の攻防

托卵という繁殖方法

ほかの種（宿主）の巣に卵を産みこみ、子育てを任せてしまう托卵という習性については、皆さんご存知のことと思います。日本で繁殖する托卵鳥であるカッコウ類4種では、ふ化したヒナが宿主のヒナや卵を巣から捨て去り、宿主の親が運んでくる餌を独占して育ちます。世界の托卵鳥に目を向けてみると、アフリカにすむミツオシエ類のヒナのように、宿主のヒナを嘴で攻撃して殺してしまうものもいます。また、北米のコウウチョウ類のように直接攻撃はしないものの、餌をひとり占めして宿主のヒナを飢え死にさせてしまい、巣を独占するというものもいます。

このような托卵鳥の行動は、残忍でずるい印象を与えます。また、産卵するだけで子育てをしないことから、文学作品では親の情がうすいように描かれることもあります。しかし、ずるい性格や情がうすいことが、托卵習性の原因となっているわけではありません。なぜ、ほかの鳥のように、自分で巣を作り、子育てをして、確実に次の世代を残そうとはしない習性が進化したのでしょうか。

実は、托卵というのは、なかなか「おいしい」繁殖の方法なのです。托卵では、巣作りや抱卵、育雛に時間やエネルギーを投資しなくてすむ分、メスは多くの卵を作ることができます。1回の繁殖期にカッコウで15卵以上、コウウチョウでは40卵以上も産卵したケースが知られています。

自分で子育てをする鳥を見てみると、例えばカッコウに托卵されるオオヨシキリは、1回の繁殖で産む卵はふつう5個です。1繁殖期に2回繁殖することもありますが、本州中部以北ではふつう1回です。托卵鳥のほうが多くの卵を生産することができるのは明らかです。

宿主の「過酷な束縛」

宿主にとっては、托卵を受けることは大きな損失です。自分の卵やヒナが殺されてしまい、子を残すことができないうえ、托卵鳥のヒナを育てるのに時間とエネルギーを費やす羽目になるからです。

托卵を受けるくらいならば、巣が捕食にあったほうがまだマシと言えます。ヘビや肉食獣に巣を襲われ、卵やヒナを失ったのならば、メスはもう一度巣作りからやり直し、繁殖することができます。それが托卵であると、次の営巣に移ることもできずに、貴重な繁殖期を托卵鳥の子を育てるために空費しなくてはなりません。

カッコウの場合、巣内で給餌を受ける期間も、巣立ち後ひとり立ちするまでの期間も、宿主のヒナに比べていずれも1週間ほど長くかかります。その間、宿主の親は、再繁殖をすることもできないという過酷な束縛を受けるのです。繁殖期に2回繁殖するためにぎりぎりの時間しかない、前述のオオヨシキリの場合には、1回目の繁殖で托卵されると、その繁殖期は子が残せないということになってしまいます。

宿主の対抗手段

これほど被害が大きな托卵に対して、宿主側に対抗戦略が進化しないはずがありません。有力な対抗手段のひとつが、卵の拒絶*です。自分の巣に托卵鳥が産卵したと判断すると、托卵鳥の卵を巣外に押し出したり、中身を食べて殻を捨てたりするのです。また、卵の上に巣材を運んできて、今までに産んだ自分の卵も托卵鳥の卵も埋めてしまい、その上に産卵するという方法もあります。この場合、埋められた卵には抱卵の熱が伝わらず、ふ化することはありません。このほかに、巣ごと放棄して巣作りからやり直すという場合もあります。ヨーロッパヨシキリでは、托卵を受けた巣のうち約20%で、これらの方法によって卵の拒絶が起こることがわかっています。

宿主が卵の拒絶をするようになると、宿主の卵にあまり似ていない卵を産むカッコウの親は、子を残すことができません。宿主に見破られない、宿主の卵にそっくりな卵を産むカッコウだけが子孫を残し、繁栄していきます。すると、宿主側もより厳しく卵を判別するものだけが、托卵を避けて子を残すようになるでしょう。そうなると、カッコウ側はさらによく

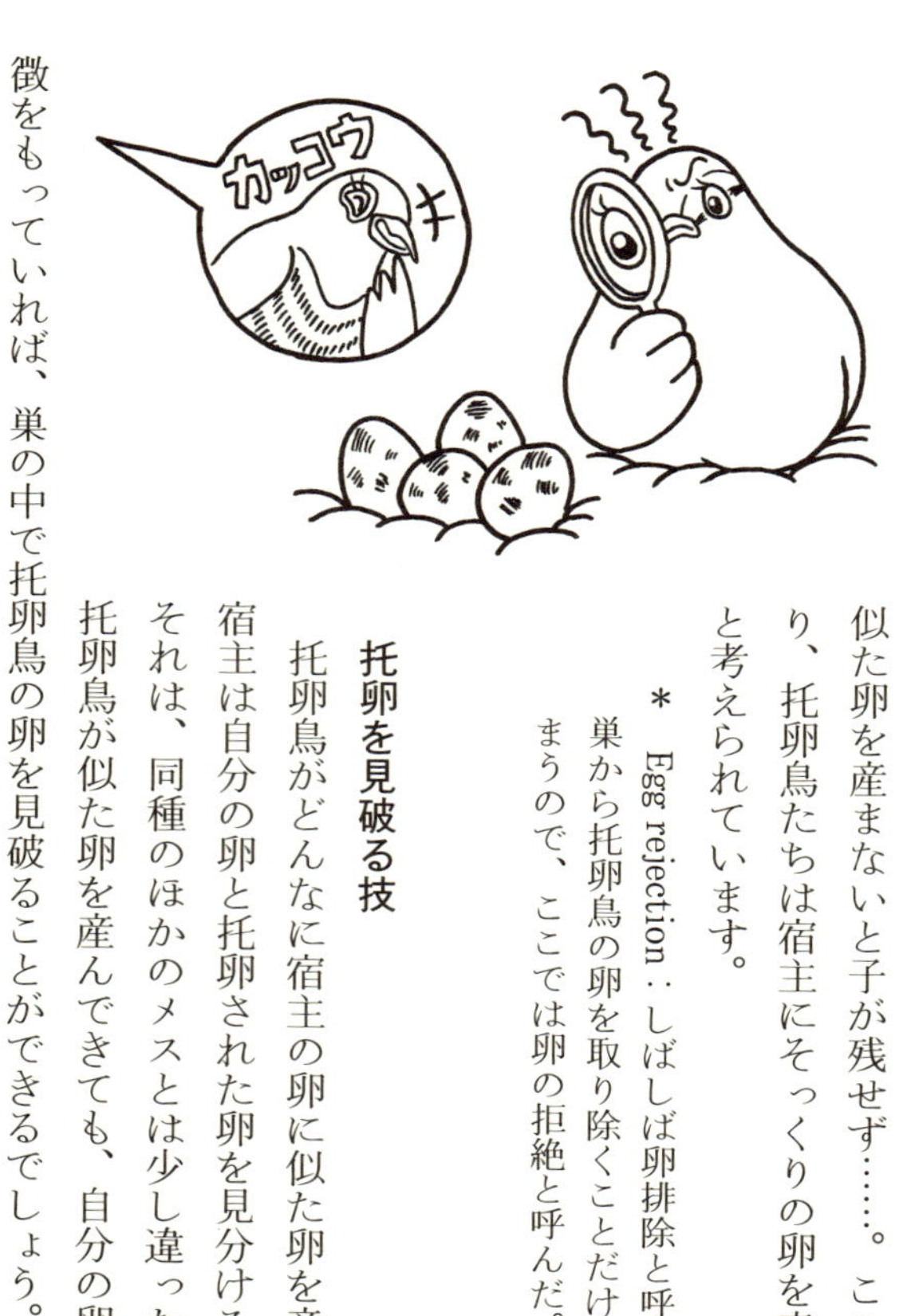

似た卵を産まないと子が残せず……。このような進化が起こり、托卵鳥たちは宿主にそっくりの卵を産むように進化したと考えられています。

＊ Egg rejection：しばしば卵排除と呼ばれるが、それでは巣から托卵鳥の卵を取り除くことだけがイメージされてしまうので、ここでは卵の拒絶と呼んだ。

托卵を見破る技

托卵鳥がどんなに宿主の卵に似た卵を産むようになっても、宿主は自分の卵と托卵された卵を見分ける方法があります。それは、同種のほかのメスとは少し違った卵を産むことです。托卵鳥が似た卵を産んできても、自分の卵が少し変わった特徴をもっていれば、巣の中で托卵鳥の卵を見破ることができるでしょう。

托卵鳥にしても宿主にしても、1羽1羽のメスは、一生同じ特徴をもつ卵を産みます。托卵鳥は宿主の複数の巣に托卵しますが、その度に卵の模様を変えることはできません。したがって、この宿主の戦略には托卵鳥は打つ手がありません。この戦略は、常に正確に同じ特徴をもった卵を産んでいると有効になります。ほかのメスとは少し違った、決まった特徴をもつ卵をいつも産んでいれば、わずかな違いも感知することができ、托卵を見破りやすくなるでしょう。したがって、托卵への対抗手段として、卵の特徴について、種内のメスとメスの間では変異(個体間変異)が大きくなり、1羽のメスが産む卵の間では変異(個体内変異)が小さくなるという進化が起きるはずです(図7)。

図7　オオヨシキリの巣と卵　巣(メス親)によって卵の模様が異なることがわかる．矢印は托卵されたカッコウの卵を示す．カッコウ卵は，模様が似たオオヨシキリの巣に産みこまれている．(写真：内田博)

実際、ヨーロッパでカッコウの托卵を受けている宿主を見ると、托卵を受ける頻度が高い種ほど、卵の色や模様の個体間変異が大きくなっています。また、卵の色や模様の変異が個体間で大きく、個体内で小さな種ほど、托卵された卵を拒絶する率が高いこともわかっています。

さらに、托卵の圧力から解き放たれると、これらの特徴がなくなることも明らかにされています。アフリカにすむズグロウロコハタオリは、ブロンズミドリカッコウの托卵を受けており、卵の拒絶を行ないます。この種は約200年前、托卵鳥がいないカリブ海の島に持ち込まれましたが、その島では、卵の色や模様の個体間変異が小さく、個体内変異は大きいのです。托卵の圧力を逃れた宿主は、個体内でそろった卵を産まなくてはならないという制約から解放され、種にとって適した卵を皆が産むようになったものと考えられます。

托卵への対抗手段があまりに発達して、托卵鳥が絶滅したり、逆に、托卵で宿主が絶滅したりすることはないのだろうか？　托卵で自然のバランスが崩れるのでは？　このような質問を受けることがあります。

絶滅はおそらくあったと思う、というのが私の答えです。例えば、近年、カッコウの托卵を受けるようになった長野県のオナガは、一部の地域で減少したり見られなくなったりしているそうです。このように、地域個体群や系統を含めて、托卵をめぐる攻防で絶滅した例はあるはずです。

托卵鳥や宿主の様相は長い時間の中で変動しており、私たちが見ているのは、今という時間の一断面でのものと捉えることができます。したがって、人為の影響ではなくても、現在の様相が変わることは起こりうるのであり、それは自然のバランスの崩壊を意味するわけではありません。

宿主は托卵鳥のヒナを見破れないのか？

卵は拒絶できるのに

カッコウの托卵を受けたオオヨシキリが、カッコウ卵だけを捨て去るように、宿主は托卵鳥の卵を見分け、拒絶することがあります。しかし、一度（ひとたび）卵がふ化すると、宿主は托卵への警戒を忘れてしまったかのように、托卵鳥のヒナの世話を熱心に行ないます。巣が壊れてしまうほどに大きくなったカッコウのヒナに対して、その背にとまりながら給餌するオオヨシキリは、なぜ自分のヒナではないと気づかないのでしょうか。

卵を拒絶する行動は見られるのに、ヒナを拒絶する行動はなぜ見られないのか。この疑問の答えとして、説得力をもつと信じられてきたのが、「ヒナの見分けを学習するのは不利だから」という説です。人工ふ化で育てたガンのヒナが、人間を親だと認知して、人の後をついて歩くようになった映像をご覧にな

った方も多いと思います。鳥は、自種の姿を生まれながらに知っているわけではなく、学習によって覚える場合が多いようです。

さて、いま、オオヨシキリは、自分の巣でふ化したヒナを見て、自種のヒナの姿を覚えるのだとしましょう。托卵を受けていなければ、オオヨシキリの親はめでたく自分のヒナに出会い、自種のヒナの特徴を学習します。そして、次回以降の繁殖のときに、カッコウのヒナがふ化してくれれば、見分けることができます。ところが、最初の繁殖で托卵を受けたオオヨシキリは、カッコウのヒナの特徴を自種のヒナのものとして学習してしまうことになります。そうすると、2回目以降の繁殖では、托卵を受けず自分のヒナがふ化しても、異種のものと認知してしまい、育雛を放棄してしまうでしょう。このように、ヒナを学習して見分ける行動には大きなコストがあるので、学習によるヒナの拒絶は不利な戦略になります。学習せずに、とにかく、巣の中でふ化したものは自分のヒナとして育てるほうが、多くの子を残すことができるのです。

ちなみに、卵については、自種の特徴を学習して托卵を見分ける戦略がうまくいきます。例えば、5卵を産むオオヨシキリにとって、巣の中に多くあるのは自分の卵ですから、その特徴を覚えれば、間違いなく自種の特徴を学習することができます。事実、宿主による卵の拒絶は、托卵鳥の産卵が起きてすぐではなく、何日か経って宿主自身の産卵が完了してから行なわれることがあります。

この説明はもっともなのですが、自種のヒナを学習で覚えるか、一切ヒナを識別しないかという二つのほかに選択肢はないのだろうかと私は不思議に思っていました。遺伝的にプログラムされていて、生まれながらに自種のヒナを認知できるというしくみが、進化しないということはないはずです。

ヒナを見分ける宿主がいた

2003年3月、宿主が托卵鳥のヒナを拒絶したというニュースが、世界の鳥学者の間を駆け抜けました。私も、驚いてすぐに論文を入手して読んだのを覚えています。それによると、オーストラリアのルリオーストラリアムシクイは、マミジロテリカッコウのヒナがいる巣の約40％で、またヨコジマテリカッコウのヒナがいる巣ではすべてで世話をやめ、巣を放棄したというのです。宿主が托卵鳥のヒナに対する対抗手段をもつという新発見でした。

実験的にルリオーストラリアムシクイのヒナを1羽に減らすと、巣の放棄が起こることがあるので、テリカッコウ類のヒナが巣を独占して1羽でいることが巣の放棄と関係ありそうです。しかし、ヒナの声が宿主に酷似しているマミジロテリカッコウのヒナは拒絶されにくく、声が異なるヨコジマテリカッコウのヒナは拒絶されることから、宿主は自種のヒナかどうかを声で区別して、拒絶を行なっていると考えられます。

この後2010年には、ハシブトセンニョムシクイが托卵したアカメテリカッコウのヒナを嘴でくわえて巣から排除したというニュースが、これもオーストラリアからもたらされました。発見したのは、立教大学(当時)の佐藤望さんらのグループです。佐藤さんはガッツのある若者で、マングローブ林を歩き回って巣を探し、卒業研究としてこの研究をまとめました。さらに大学院では、熱帯での托卵研究を発展させようと、独力でニューカレドニアに調査地を設置し、協力体制を作りあげ、後で紹介するような、温帯では知られていない托卵鳥と宿主の関係を明らかにしています。

熱帯の特殊事情

宿主によるヒナの拒絶が知られているのは、オーストラリアとニューカレドニアの熱帯にすんでいる鳥たちです。なぜ、温帯では見られないヒナを拒絶する行動が熱帯では進化したのでしょうか。

その理由のひとつは、熱帯では繁殖期が長く、ヒナを拒絶した後に再営巣する機会に恵まれていることです。繁殖期が短い温帯では、托卵鳥のヒナを拒絶したとしても、再営巣するだけの時間が残されていないこともあります。再営巣が期待できる熱帯では、托卵鳥のヒナを拒絶することで得られる利益が、大きなものとなるのです。

また、熱帯の托卵鳥と宿主の鳥たちは、数百万年という長い時間共存してきたので、その間にヒナの拒絶行動が進化することができたと考えられます。温帯では、例えば、カッコウと宿主のそれぞれの種は10万年以下の関係しかもっていないと考えられています。

もうひとつ、佐藤さんらが考えだした興味深い仮説があります。「卵の拒絶は行なわずに、ヒナを拒絶したほうがトク」という説です。佐藤さんが注目したのは、一腹卵数の少ないことと、托卵の頻度が高いことです。熱帯の宿主は1回の繁殖で1～3個の卵しか産みません。また、同じ巣が異なるメスによって複数回托卵される重複托卵がしばしば起きています。

いま、2卵を産んだ宿主の親がいるとしましょう。もし、1回托卵を受けたとすると、巣の中にある自分の卵は1個になります。テリカッコウ類も、カッコウと同様に宿主の卵を1個抜き取ってから産卵するためです。このタイミングで宿主が卵を排除すると、残るのは自分の卵1個となり、次に托卵されるとその卵が抜き取られ、自分の卵はなくなってしまいます。一方、1回托卵を受けた後、托卵鳥の卵を排除せずにおけば、2回目に托卵されるときに抜き取られるのは、自分の卵となるか、最初に托卵したメスの卵となるか五分五分です。つまり、排除しないことで自分の卵が生き残る可能性が出てくるわけです。卵がふ化した後で、ヒナを排除すれば自分の子を残すことができます。

実際のところ、ヒナを拒絶する宿主は卵の排除を行なっていないようです。熱帯の宿主たちは、托卵された卵を「防波堤」にして自分の卵を守り、ヒナになってから対応するという戦略をとっていると考えられます。

ムクドリがムクドリに托卵！——種内托卵

カッコウのようにほかの種の鳥に卵をあずける托卵の習性は、どのように進化してきたのでしょうか。托卵の始まりは、同じ種のほかの個体が営む巣に卵を産みこむ「種内托卵」という行動だったのではないか、と多くの研究者が考えています。種内托卵は、ツバメ、ホシムクドリ、バン、ホオジロガモなど、意外と多くの鳥で知られています。

うまく育てばもうけもの

日本では、ムクドリの種内托卵がよく調べられています。筑波大学大学院生(当時)の山口恭弘(やすひろ)さんの研究によると、巣の21%で種内托卵が起こりました。托卵された巣では、よそのメスが産みこんだ卵は、たいてい1個でした。巣のメスの産卵期に托卵が起こることが多いものの、抱卵期や育雛期に托卵されることもありました。

ムクドリは1日1個ずつ、全部で5、6個の卵を産みます。抱卵は、全部の卵を産み終えてから(あるいは最終卵の前日から)始まります。したがって、産卵期の間に托卵された卵は、ほかの卵と一緒に温められ、うまく育つことが期待されます。しかし、抱卵期以降に托卵された場合は、卵がふ化しなかったり、ふ化してもタイミングが遅れるのでヒナが餌をめぐる競争で負けたりしてしまうでしょう。事実、産卵期の巣に托卵した場合、73％が成功し、卵がふ化しヒナが巣立ちましたが、抱卵期や育雛期の托卵はほとんど成功することはありませんでした。抱卵期や育雛期にも托卵し、失敗が多いことから、ムクドリの種内托卵は、子を効率よく残すうえで、洗練された戦略とはなっていないようです。山口さんは、繁殖する個体が多い年に種内托卵が多く見られることから、巣穴を得られず営巣できなかった個体が托卵を行なうのではないかと考えています。カッコウのような托卵鳥の洗練された托卵とは異なり、ムクドリの種内托卵は「うまく行けばもうけもの」という程度の行動なのでしょう。

ところで、ムクドリの巣の中にムクドリの卵を見つけても、それが托卵かどうかを判断できるものではありません。山口さんは、毎日１８０個の巣箱を見回り、繁殖状況を把握していました。私は、シジュウカラの巣箱を30個見回っていますが、１回2時間ほどかかってしまいます。その6倍の数の巣箱を、毎日見回るのは、相当な体力と気力がいることだったでしょう。毎日巣を見ていると、前日から卵が2個増えていたり、抱卵中の巣に新たな卵が産んであったりすることがあり、よそのメスが卵を産みこんだことがわかります。山口さんは、さらに毎日新たに産みこまれた卵に鉛筆で印を付けて観察をしていたので、托卵された卵がふ化したかどうかなどということも正確に知ることができたのです。おそらくほかの鳥でも、労力をかけて本格的な調査をすれば、種内托卵が発見される場合が多いものと思われます。

戦略としての種内托卵

バンの種内托卵は、ムクドリよりも戦略的です。イギリスでの研究によると、種内托卵を行なうメスは全体の20％と多くはありませんでした。しかし、これらのメスたちは自分自身も巣をもって繁殖していて、そこでの産卵を終えた後、近隣の巣に托卵に出かけていました。しかも、托卵する相手の巣は、あずけた卵がふ化しやすいように、産卵期や抱卵が始まったばかりのものを選んでいました。さらに、托卵する際には、巣の持ち主の卵を取り除くというカッコウのようなことまでしていたのです（ムクドリはしません）。バンの場合、自分の巣での繁殖プラス種内托卵で、より多くの子を残そうとしていると考えられます。

北米のアメリカオオバンでも、頻繁に種内托卵が起きています。種内托卵を受けている巣が、なんと全体の40％もあるのです。托卵を行なうメスの一部は、巣をもつことができなかったものや、産卵期の間に巣が捕食にあった、いわば産む場所がない個体でした。しかし、一番多かったのは、自分自身の巣をもちながら種内托卵も行なうもので、メスの4分の1はそのようにして繁殖を行なっていました。

これだけ種内托卵がふつうに起きていて、托卵を受ける側に不利益（コスト）は生じていないのでしょうか。アメリカオオバンでは、餌不足がヒナの主な死亡要因です。ヒナ間の競争が激しく、しばしば餓死が起きています。種内托卵を受けると、托卵で生まれたヒナが育つ一方で、自分のヒナが育たなくなってしまう可能性があります。また、托卵された分だけ、自分の卵数が減ってしまうというコストも生じます。カッコウなどによる托卵と同じように、種内托卵を受ける側に対抗手段が進化するのではないでしょうか。

種内托卵への対抗手段

カッコウの卵を拒絶する宿主がいるように、アメリカオオバンも種内托卵で産みこまれた卵の33％を拒絶します。産みこまれた卵の色が自分の卵のものと似ていないと、巣材の中に埋めてしまうのです。また、托卵された卵を巣の端のほうに置いて、効率よく抱卵しないようにすることもあります。

驚くべきことに、アメリカオオバンは種内托卵から生まれたヒナを区別して、育てないこともします。実際には、托卵で生まれたヒナの世話をしなかったり、ヒナを殺してしまったりします。この行動を発見した静大三郎(しずか)さん(当時、カリフォルニア大学)によって電子出版された論文では、親鳥がふ化後間もないヒナの頭をつついて、繰り返し攻撃する衝撃的な動画を見ることができます。

それにしても、どのようにして自分の子か、ほかのメスの子かを区別するのでしょうか。カッコウのヒナを宿主が育ててしまうように、ふつうの鳥は他種のヒナでも区別することができません。また、鳥は一般に、同種の他個体が自分と血縁があるかどうかは認知できないとされています。

静さんは、托卵された卵のふ化は遅れがちで、最初の日にふ化するのは、たいてい巣の持ち主のヒナであることに気づきました。そして、「最初の日にふ化したヒナを見て、自分のヒナの特徴を学習する」という仮説を立てました。この仮説を検証するために、静さんは、複数の巣からふ化1、2日前の卵を採取して人工的にふ化させ、その後巣に戻す方法で、親鳥が初めて見るヒナを実の子にしたりほかのメスの子にしたりしました。最初の日に自分のヒナを見せると、親鳥はその後、ほかのメスのヒナを育てなくなり、逆に、最初の日にほかのメスのヒナを見せると、自分のヒナを育てなくなりました。また、最初の日に自分のヒナとほかのメスのヒナを両方見せると、いずれも育てるようになりました。このことは、アメリカオオバンが最初の日に見たヒナを「鋳型」として学習し、その後、ヒナが実の子か否かを区別していることを示しています。

アメリカオオバン以外ではあまり研究が進んでいませんが、種内托卵をする側とされる側の間には、さまざまな攻防があると思われます。

5 人間生活の影響

都会の暮らしは苦労が多い

都会でも四季折々、いろいろな鳥が見られます。公園や家の庭で、鳥を観察している方も多いことと思います。しかし、都会の環境は、もともと鳥たちが暮らしていた山や森のものとは異なります。人間が作り出した環境は、鳥の繁殖にどのような影響をもたらしているのでしょうか。食物事情と、照明や騒音の影響について見てみましょう。

都会の餌は栄養不足

カロテノイドは大切な栄養素ですが、動物は体内で合成することができないので、食物から摂取する必要があります。親鳥がヒナを育てるときにも、カロテノイドを含む虫を捕ってきて与えなくてはなりません。ところが、都会では、餌となる虫に含まれるカロテノイドが少ないことが報告されています。スウェーデンの都会と自然が豊かな地方の2か所で、シジュウカラの食物となっているシャクガの幼虫を調べたところ、都会のほうが幼虫1gあたりのカロテノイドが3割ほども少なかったのです。

実際には、都会にすむシジュウカラの親は、頻繁に餌を運び、総量としては地方と同じだけのカロテノイドをヒナに与えていました。しかし、ヒナの腹の羽色(ヨーロッパのシジュウカラは腹が黄色)は、地方のものより鈍い色となっていました。これは、羽毛中の色素を作り出すカロテノイドが不足していることを示しています。

カロテノイドには抗酸化作用があり、環境によるストレスに対抗する際にも消費されます。都会の鳥は重金属による大気汚染や騒音などさまざまなストレスにさらされており、そのためにカロテノイドを使ってしまい、羽の色を鮮やかにすることができないのでしょう。カロテノイドがたくさん必要なのに、食物にはあまり含まれていないという苦しい環境で、子育てをしている都会のシジュウカラの様子が想像されます。

照明でつがい外交尾が増える?

都会は人工的な光に満ちています。夜でも明るい環境が、鳥の生活に影響を与えないはずはありません。生殖腺の発達や渡りの衝動に関わるホルモンは、気温の変化よりも日長(にっちょう)(昼の長さ)に支配されています。「光汚染」とも呼ばれる、人工的な照明の影響を紹介しましょう。

オーストリアでの研究によると、街路灯がある通りに面したなわばり、つまり夜も明るいなわばりで営巣したアオガラのメスは、夜、暗くなるふつうのなわばりのメスよりも、産卵の時期が平均1・5日早くなっていました。

また、オスも光の影響を受けることがわかっています。夜も明るいなわばりでは、早朝のさえずりを始める時刻がシジュウカラで30分強、コマツグミで1時間以上も早くなっていました。

さらに、夜の照明でつがい外交尾がさかんになるという驚きの現象も起きています。アオガラではふつう1巣あたり平均0・5羽のヒナがつがい外受精によるものですが、夜も明るいなわばりでは平均2羽のヒナがつがい外受精でした。メスはオスのさえずりを聞いて高い質のオスを選び、つがい外交尾を行なうことが多くの鳥でわかっています。明るいなわばりでは、夜明け前から長時間オスがさえずるようになるため、メスによるつがい外交尾が活発になるようです。

夜も明るいと、鳥が「宵っ張り」になるという報告はないようですが、「早起き」になるという報告は多くあります。また、人工的な光のために繁殖時期やつがい外受精率のような繁殖生態が変わってしまうと、親の行動やヒナの生存力などにさらなる影響が出てくるかもしれません。しかし、光汚染の全貌はまだ明らかにされていません。

騒音でさえずりが変わる

都会は、音の環境も自然の中とは異なります。人工的な騒音があるため、音声コミュニケーションが影響を受けるのです。

ミドリツバメの親は、巣の近くで捕食者を見つけると警戒声を発し、それを聞いたヒナは鳴くのをやめます。ヒナは、自らの鳴き声によって捕食者に巣の場所を知られるのを防ぐわけです。しかし、騒音環境下では、親の警戒声が聞こえにくくなり、ヒナは鳴くのをなかなかやめません。そのため、騒音が都会のヒナの捕食リスクを高めている可能性が考えられます。

オスのさえずりも、騒音があると当然聞こえにくくなります。しかし、鳥のさえずりは、人工的な騒音よりも周波数が少し高いのがふつうです。そこで、騒音と重ならない高い声で鳴けば、仲間によく聞こえるようになると考えられます。事実、騒音が激しい場所ほど、オスは高い周波数でさえずることが、サヨナキドリ、クロウタドリ、ウタスズメなど多くの種で知られています。

私も、帝京科学大学の卒論生であった渡部末緯子さん、そして指導教員の森貴久さんとともに、東京都心のシジュウカラでさえずりを調べたことがあります。すると予想通り、騒音レベルの高い緑地（公園など）でさえずっているオスほど、さえずりの最低周波数が高くなっていました。また、おもしろいことに、騒音の激しい緑地のオスほど、1回のさえずりが長くなっていました。つまり、オスは道路の近くなど騒音がある場所になわばりをもつと、高い声で、「ツピツピツピ……」などと繰り返しを多くして長くさえずっていたのです。

オスは騒音があると、大きな声でさえずっている可能性も当然考えられます。しかし野外では、鳥が発している声の大きさ（音圧）を測定することは難しく、はっきりとした証拠はほとんど得られていません。鳥と観察者との距離が一定にはならないうえ、音圧はさえずっている鳥の向きの影響を受けるからです。

ところで、いろいろな鳥のオスたちは、騒音がある場合に高い声でさえずるように調節しているのでしょうか。あるいは、騒音がある地域では、声の高いオスが有利なので、もともと高い声を出すものがなわばりをもっているのでしょうか。これは答えが得られていて、1羽1羽のオスが声の高さを調節できることがわかっています。同じオスでも、交通量が少なく騒音が少ない週末には、騒音が激しい平日よりも低い声で鳴くことがわかっています。

都会の鳥の繁殖生態は、自然が豊かな環境のものとはいろいろな面で異なることが、近年次々と明らかにされています。この生態の違いはさらに影響を広げていくことはないのでしょうか。例えば、都会育ちの鈍い色の若鳥は地方に定着してうまくつがいになれるのでしょうか。光汚染で産卵時期が早まると、ヒナの餌になる虫の発生時期と育雛時期がずれてしまうのではないでしょうか。また、周波数の高い親の声を息子が学習すると、高い声のさえずりが進化していくのではないでしょうか。これらの未解決の問題も興味がもたれるところです。

地球温暖化の影響

巣箱をかけて温暖化を知る

近ごろは、昔と比べて夏が暑くなった、と感じている方は多いのではないでしょうか。地球温暖化は、私たち人間の暮らしにさまざまな影響を及ぼしています。最後に、地球温暖化によって起きている鳥の繁殖の変化について解説しましょう。

温暖化で春の訪れが早くなると、鳥の繁殖開始も早くなることが予想されます。実際に夏鳥のコムクドリでは、産卵の時期が早くなっていることが報告されています。新潟県で行なわれた研究によると、１９７８年から２００５年の27年の間に産卵開始が半月ほど早くなっていました(図8)。多くの巣の平均で見ると、最初の卵が産み落とされる初卵日は、調査開始当初は5月23日頃でしたが、年々早くなり、27年後には5月7日頃になっていたのです。この間に、調査地付近の早春の気温は1・5度高くなっていました。また、気温が高い年には初卵日が早くなる傾向がありました。気候が温暖になったことで、産卵時期が変化したに違いありません。

このコムクドリの調査を行なった小池重人(しげと)さんは、新潟県の中学校の先生です。毎年30～１００個もの巣箱をかけて観察した結果、蓄積されたデータが地球温暖化という大きな問題

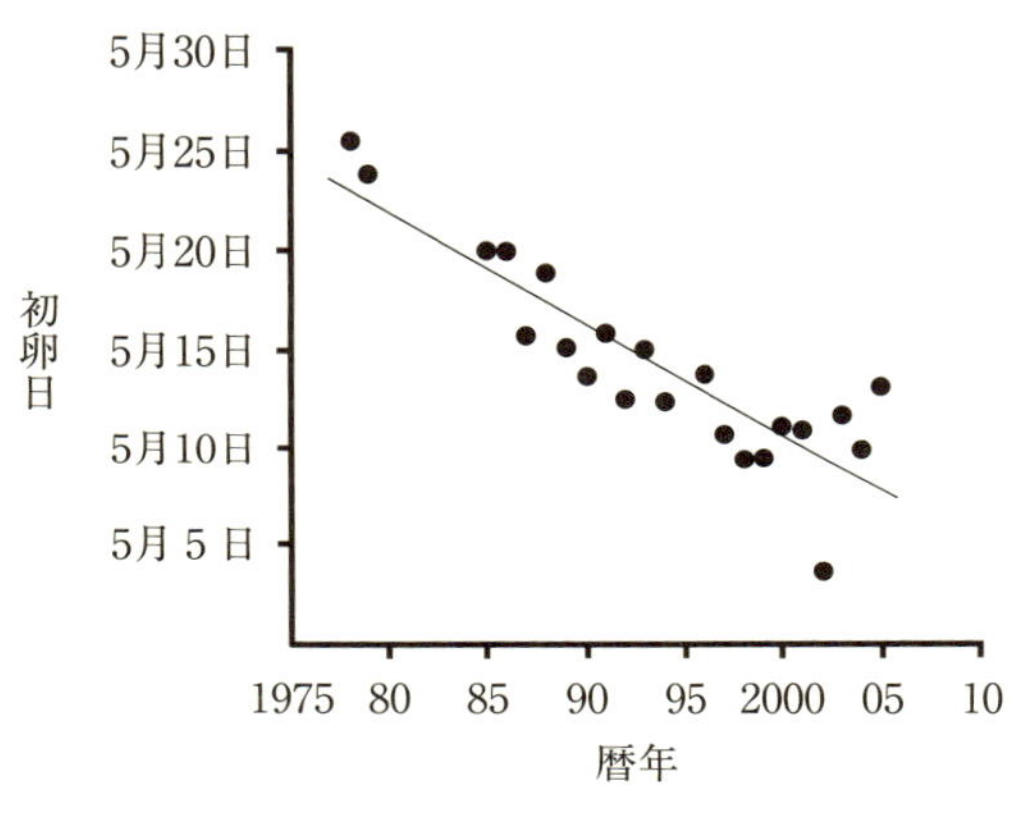

図8　コムクドリの初卵日の経年変化　それぞれの巣で産卵が始まった日（初卵日）について，年ごとの平均をプロットしてある．年とともに産卵の時期が早くなっているのがわかる．（Koike, S., Fujita, G. and Higuchi, H. (2006) *Global Environ. Res.* 10: 167-174 より，許可を得て改変，転載）

と鳥の生活との関係を明らかにしました。小池さんの研究は高く評価され、アマチュア研究者を讃える日本鳥学会の賞も受賞しています。

産卵時期は育雛期を見越して決める

鳥たちは、ヒナをうまく育てられる時期に産卵する習性があります。卵がふ化し、ヒナが成長して餌をたくさん必要とする時期に、餌生物が豊富に得られないと多くの子を残すことはできません。フランスでの調査によると、昆虫食のアオガラは、落葉樹林よりも昆虫の発生が遅い硬葉樹林で産卵時期が遅いことがわかっています。同じ硬葉樹林でも、昆虫発生が遅いコルシカ島では、大陸よりもさらに産卵が遅くなっています。このように、うまく調節されている産卵の時期が、地球温暖化によって早くなると育雛にも影響があるかもしれません。餌の発生も早くなっていて、うまくヒナを育てることができているのでしょうか。

オランダで1985年から20年間、昆虫の発生時期を調べた研究があります。森の中に約50cm四方の布をいくつもセットして、そこに落ちてくるイモムシの糞(ふん)を3〜4日ごとに集め、イモムシの総重量を推定したのです。すると、調査を始めたときには5月末頃であったイモムシ発生のピークが、20年後には2週間ほど早くなっていました。

ヨーロッパではマダラヒタキ、シジュウカラ、アオガラといった複数の種で、産卵時期が早くなっていることが報告されています。鳥たちは、春の気温から餌となるイモムシの発生時期を予測し、産卵時期を調節しているものと考えられます。

調節しきれていないマダラヒタキ

オランダのデ・ホーヘ・フェルウェ国立公園には長年、生態学の調査を行なうために維持されている森林があり、そこで蓄積された記録を利用して、地球温暖化に関わる研究が精力的に行なわれています。国立生態学研究所のフィッセルさんのグループは、この調査区で1980年頃から気温が徐々に高くなっていることに気づきました。夏鳥のマダラヒタキが渡来する4〜5月の気温を見ると、2000年までの20年間で約2度上昇していました。そして、その間のマダラヒタキの巣(なんと1892個！)の初卵日を分析すると、約1週間早くなっていることがわかりました。

実は、先に紹介した、20年間でイモムシ発生のピークが2週間早くなったという研究も、同じ調査地で行なわれたものです。ヒナの餌が豊富になる時期が2週間早くなったのならば、それに合わせて産卵も2週間早くしなければ、育雛に支障が出そうに思われます。産卵が1週間しか早くなっていないのは、なぜでしょうか。

それは、渡来日が調節できないからだと思われます。20年の間に、マダラヒタキの渡来日は早くなってはおらず、個々の年の春の気温と渡来日にも関係は見られませんでした。渡りの時期は、越冬地の日長や気温で決まっている可能性があり、繁殖地の気象に合わせて渡ってくることはできないのかもしれません。

渡来日が変わらなければ、産卵を早くするにも限界があります。繁殖地に渡来した後、オスはなわばりを張り、メスはオスを吟味してつがいになります。そして巣場所を定め、巣材を集めて巣を作らなくてはなりません。ある程度の日数を要します。オランダのマダラヒタキは、渡ってきた後、産卵を急いでも、イモムシ発生のピークが早くなるのに追いつくことができていないのだと思われます。

マダラヒタキが減っている?

地球温暖化に伴って、ヒナへの給餌が困難になったのかどうかを知るのは容易ではありません。しかし、マダラヒタキは巣箱をよく利用するので、繁殖個体数だけであれば、長年の記録が残っている場合があります。これを利用して、生息数が減っているのかどうかを知ることができます。

そこで、フィッセルさんらはマダラヒタキの複数の繁殖地において近年の繁殖個体数のデータを得、また2003年にイモムシ発生の時期を調査しました。すると、イモムシ発生のピークが早い調査地ほど、マダラヒタキの数が減っていることがわかったのです。イモムシのピークが6月末の調査地では、2003年までの16年間に個体数の増減は見られませんでしたが、イモムシのピークが5月上旬の調査地では、毎年10%ほど繁殖個体数が減っていました。おそらく、イモムシのピークが早い調査地では、餌の発生時期が育雛の時期とずれてしまってヒナがうまく育たず、年々マダラヒタキが減っているものと考えられます。

実は、すべての個体群で、このような地球温暖化の影響が現れているわけではありません。

ヨーロッパ各地25地域で、マダラヒタキと近縁種のシロエリヒタキの記録を分析したところ、産卵時期が早くなっていたのは9か所だけだったという研究もあります。気温も上昇している所ばかりではなく、低下している所もありました。地球温暖化は単に暖かくなるというだけではなく、豪雨や干ばつを引き起こすなどさまざまな気象の変化をもたらします。鳥の繁殖への影響も、まだまだ知られていないものがあるかもしれません。

あとがき

この本では、鳥の繁殖に関する最新の研究成果を紹介するように努めました。英文の学術誌に掲載された、日本語ではなかなか読むことができない論文の内容を多く取り上げ、説明しています。それによって、今まで知られていなかった興味深い鳥の繁殖生態を紹介するとともに、なぜそのような生態が進化したのかを科学的な裏付けとともにすっきり理解していただこうと考えたからです。

また、特に、日本人の優れた研究を積極的に取り上げました。ときには、調査の工夫や苦労話などを本人から聞きとり、研究現場の様子も伝わるように努めました。多くの若い日本人の研究者が、科学的に意義のある優れた研究をし、それを国際的な学術誌に論文として発表しています。しかし、残念ながら、その研究成果や彼らの研究活動はあまり知られていません。彼らは単に鳥が好きだから長い時間観察し、それで新発見ができたというわけではありません。自分で研究テーマを決め、調査地を探し、汗と泥にまみれて調査をしています。そして、知恵を絞って自分が見いだしたことを学問体系の中に位置づけ、原稿を何度も書き直して論文として公刊し、学問を一歩進めているのです。目を覚ましている時間の大半は研究のことを考えているという生活を何年もして仕上がったのが、この本で紹介したひとつひとつの研究成果です。
野外での鳥の研究というと、鳥の好きな人が単に新奇な生態を見いだして、興味を満たしているように捉えられるかもしれません。しかし、鳥の繁殖生態学は、珍しい現象を記録するだけの学問でも、鳥好きだけに価値を認めてもらう分野でもありません。科学の方法にのっとって自然界の理、進化のメカニズムを探る学問です。そして、わくわくするおもしろいことを次々と解き明かしているのです。

こういう本を出版することを、何年も前から願っていました。長年の望みをかなえてくれた岩波書店編集部の松永真弓さんに心から御礼申し上げます。また、わかりやすくユーモアのあるイラストを描いてくれた篠原裕美子さんに感謝します。
この本は、2016年4月から2018年3月まで、公益財団法人日本野鳥の会の会誌『野鳥』に「鳥の繁殖生態学」として連載された内容を再構成したものです。

濱尾章二

2018年7月

主要な引用文献

プロローグ　少しでも多くの子を残す性質が進化する

オスを産むべきか，メスを産むべきか

Ellegren, H., Gustafsson, L. and Sheldon, B.C. (1996) Sex ratio adjustment in relation to paternal attractiveness in a wild bird population. *Proceedings of the National Academy of Sciences of the United States of America* 9: 11723-11728.

Nishiumi, I. (1998) Brood sex ratio is dependent on female mating status in polygynous great reed warblers. *Behavioral Ecology and Sociobiology* 44: 9-14.

Komduer, J., Daan, S., Tinbergen, J. and Mateman, C. (1997) Extreme adaptive modification in sex ratio of the Seychelles warbler's eggs. *Nature* 385: 522-525.

子殺し行動の謎

Hotta, M. (1994) Infanticide in little swifts taking over costly nests. *Animal Behaviour* 47: 491-493.

Veiga, J.P. (1990) Sexual conflict in the house sparrow: interference between polygynously mated females versus asymmetric male investment. *Behavioral Ecology and Sociobiology* 27: 345-350.

Heinsohn, R., Langmore, N.E., Cockburn, A. and Kokko, H. (2011) Adaptive secondary sex ratio adjustments via sex-specific infanticide in a bird. *Current Biology* 21: 1744-1747.

1　オスは多くのメスとの交尾を求める

オスは一夫多妻を目指す

Ueda, K. (1986) A polygamous social system of the fan-tailed warbler *Cisticola juncidis*. *Ethology* 73: 43-55.

濱尾章二(1992)番い関係の希薄なウグイスの一夫多妻について．日本鳥学会誌 40: 51-66.

オスはつがい外交尾を目指す

成田章(1999)ウミネコのつがい交尾とつがい外交尾．*Strix* 17: 101-110.

Griffith, S. C., Owens, I. P. F. and Thuman, K. A. (2002) Extra-pair paternity in birds: a review of interspecific variation and adaptive function. *Molecular Ecology* 11: 2195-2212.

妻の不倫は防ぎたい――オスの父性防衛

Hamao, S. (2000) The cost of mate guarding in the black-browed reed warbler, *Acrocephalus bistrigiceps*: when do males stop guarding their mates? *Journal of the Yamashina Institute for Ornithology* 32: 1-12.

Birkhead, T. R., Atkin, L. and Møller, A. P. (1987) Copulation behaviour of birds. *Behaviour* 101: 101-138.

オスの労力配分――いつ，何をなすべきか

Hamao, S. (2000) When do males sing songs?: costs and benefits of singing during a breeding cycle. *Japanese Journal of Ornithology* 49: 87-98.

Hamao, S. and Saito, D. S. (2005) Extrapair fertilizations in the Black-browed Reed Warbler (*Acrocephalus bistrigiceps*): effects of mating status and nesting cycle of cuckolded and cuckolder males. *Auk* 122: 1086-1096.

Hasselquist, D. and Bensch, S. (1991) Trade-off between mate guarding and mate attraction in the polygynous great reed warbler. *Behavioral Ecology and Sociobiology* 28: 187-193.

2 メスは相手を選り好みする

Choosy なメス

Baker, M. C., Bjerke, T. K., Lampe, H. and Espmark, Y. (1986) Sexual response of female great tits to variation in size of males' song repertoires. *American Naturalist* 128: 491-498.

Hasegawa, M., Arai, E., Watanabe, M. and Nakamura, M. (2010) Mating advantage of multiple male ornaments in the Barn Swallow *Hirundo rustica gutturalis*. *Ornithological Science* 9: 141-148.

Hasegawa, M., Arai, E., Watanabe, M. and Nakamura, M. (2012) Female mate choice based on territory quality in barn swallows. *Journal of Ethology* 30: 143-150.

つがい外交尾——メスの利益は何か？

油田照秋・乃美大佑・小泉逸郎(2012)性的不能なシジュウカラのオスは浮気されるか——受精保険仮説の実験的検証．日本動物行動学会第31回大会講演要旨集，71.

藤岡正博(1986)集団繁殖性サギ類の雌雄関係．山岸哲(編)，鳥類の繁殖戦略(上)，東海大学出版会，1-30.

Hasselquist, D., Bensch, S. and von Schantz, T. (1996) Correlation between male song repertoire, extra-pair paternity and offspring survival in the great reed warbler. *Nature* 381: 229-232.

紫外色で見ないとわからない

Siitari, H., Honkavaara, J., Huhta, E. and Viitala, J. (2002) Ultraviolet reflection and female mate choice in the pied flycatcher, *Ficedula hypoleuca*. *Animal Behaviour* 63: 97-102.

Johnsen, A., Andersson, S., Örnborg, J. and Lifjeld, T. (1998) Ultraviolet plumage ornamentation affects social mate choice and sperm competition in bluethroats (Aves: *Luscinia s. svecica*): a field experiment. *Proceedings of the Royal Society of London, Series B* 265: 1313-1318.

メスにコントロールされるオス

Emlen, S. T., Wrege, P. H. and Webster, M. S. (1998) Cuckoldry as a cost of polyandry in the sex-role-reversed wattled jacana, *Jacana jacana*. *Proceedings of the Royal Society of London, Series B* 265: 2359-2364.

Emlen, S. T., Demong, N. J. and Emlen, D. J. (1989) Experimental induction of infanticide in female Wattled Jacanas. *Auk* 106: 1-7.

Nakamura, M. (1998) Multiple mating and cooperative breeding in polygynandrous alpine accentors. I. Competition among females. *Animal Behaviour* 55: 259-275.

3　子育ては悩みが多い

男の子は手がかかる？——ヒナの性と子育て

Cameron-MacMillan, M. L., Walsh, C. J., Wilhelm, S. I. and Storey, A. E. (2007) Male chicks are more costly to rear than females in a

monogamous seabird, the Common Murre. *Behavioral Ecology* 18: 81-85.

Mainwaring, M. C., Lucy, D. and Hartley, I. R. (2011) Parentally biased favouritism in relation to offspring sex in zebra finches. *Behavioral Ecology and Sociobiology* 65: 2261-2268.

Nishiumi, I., Yamagishi, S., Maekawa, H. and Shimoda, C. (1996) Paternal expenditure is related to brood sex ratio in polygynous great reed warblers. *Behavioral Ecology and Sociobiology* 39: 211-217.

鳥はオスが長生き？

Donald, P. F. (2007) Adult sex ratios in wild bird populations. *Ibis* 149: 671-692.

Promislow, D. E. L., Montgomerie, R. and Martin, T. E. (1992) Mortality costs of sexual dimorphism in birds. *Proceedings of the Royal Society of London, Series B* 250: 143-150.

Liker, A. and Székely, T. (2005) Costs of sexual selection and parental care in natural populations of birds. *Evolution* 59: 890-897.

ヘルパーになるという選択

原田俊司・山岸哲(1992)オナガの共同繁殖．伊藤嘉昭(編)，動物社会における共同と攻撃，東海大学出版会，161-184.

Valencia, J., de la Cruz, C. and González, B. (2003) Flexible helping behaviour in the azure-winged magpie. *Ethology* 119: 545-558.

江口和洋(2005)鳥類における協同繁殖様式の多様性．日本鳥学会誌 54: 1-22.

4 捕食や托卵を防ぐには？

捕食を避ける巣場所選び

Ueta, M. (1998) Azure-Winged Magpies avoid nest predation by nesting near a Japanese Lesser Sparrowhawk's nest. *Condor* 100: 400-402.

Hamao, S. and Higuchi, S. (2013) Effect of introduced Japanese weasels (*Mustela itatsi*) on the nest height of Japanese Bush-War-

blers (*Cettia diphone*) on Miyake-jima Island, Japan. *Wilson Journal of Ornithology* 125: 426-429.

捕食者への対抗手段

Krams, I., Krama, T., Igaune, K. and Mänd, R. (2008) Experimental evidence of reciprocal altruism in the pied flycatcher. *Behavioral Ecology and Sociobiology* 62: 599-605.

Suzuki, T. N. (2011) Parental alarm calls warn nestlings about different predatory threats. *Current Biology* 21: R 15-R 16.

托卵鳥と宿主の攻防

Soler, J. J. and Møller, A. P. (1996) A comparative analysis of the evolution of variation in appearance of eggs of European passerines in relation to brood parasitism. *Behavioral Ecology* 7: 89-94.

Lahti, D. C. (2005) Evolution of bird eggs in the absence of cuckoo parasitism. *Proceedings of the National Academy of Sciences of the United States of America* 102: 18057-18062.

宿主は托卵鳥のヒナを見破れないのか？

Lotem, A. (1993) Learning to recognize nestlings is maladaptive for cuckoo *Cuculus canorus* hosts. *Nature* 362: 743-745.

Langmore, N. E., Hunt, S. and Kilner, R. M. (2003) Escalation of a coevolutionary arms race through host rejection of brood parasitic young. *Nature* 422: 157-160.

Sato, N. J., Tokue, K., Noske, R. A., Mikami, O. K. and Ueda, K. (2010) Evicting cuckoo nestlings from the nest: a new anti-parasitism behaviour. *Biology Letters* 6: 67-69.

Sato, N. J., Mikami, O. K. and Ueda, K. (2010) The egg dilution effect hypothesis: a condition under which parasitic nestling ejection behaviour will evolve. *Ornithological Science* 9: 115-121.

ムクドリがムクドリに托卵！——種内托卵

Gibbons, D. W. (1986) Brood parasitism and cooperative nesting in the moorhen, *Gallinula chloropus*. *Behavioral Ecology and Sociobiology* 19: 221-232.

Shizuka, D. and Lyon, B. E. (2010) Coots use hatch order to learn to recognize and reject conspecific brood parasitic chicks. *Nature* 463:

223-226.

Yamaguchi, Y. and Saitou, T. (1997) Intraspecific nest parasitism in the grey starling (*Sturnus cineraceus*). *Ecological Research* 12: 211-221.

5 人間生活の影響

都会の暮らしは苦労が多い

Isaksson, C. and Andersson, S. (2007) Carotenoid diet and nestling provisioning in urban and rural great tits *Parus major*. *Journal of Avian Biology* 38: 564-572.

Kempenaers, B., Borgström, P., Loës, P., Schlicht, E. and Valcu, M. (2010) Artificial night lighting affects dawn song, extra-pair siring success, and lay date in songbirds. *Current Biology* 20: 1735-1739.

McIntyre, E., Leonard, M. L. and Horn, A. G. (2014) Ambient noise and parental communication of predation risk in tree swallows, *Tachycineta bicolor*. *Animal Behaviour* 87: 85-89.

Hamao, S., Watanabe, M. and Mori, Y. (2011) Urban noise and male density affect songs in the Great Tit *Parus major*. *Ethology Ecology & Evolution* 23: 111-119.

地球温暖化の影響

Koike, S., Fujita, G. and Higuchi, H. (2006) Climate change and the phenology of sympatric birds, insects, and plants in Japan. *Global Environmental Research* 10: 167-174.

Both, C. and Visser, M. E. (2001) Adjustment to climate change is constrained by arrival date in a long-distance migrant bird. *Nature* 411: 296-298.

Both, C., Bouwhuis, S., Lessells, C. M. and Visser, M. E. (2006) Climate change and population declines in a long-distance migratory bird. *Nature* 441: 81-83.

濱尾章二

1959年生まれ．埼玉県公立高等学校教員を経て，2002年から独立行政法人国立科学博物館附属自然教育園研究官．現在，同館動物研究部脊椎動物研究グループ長．博士(理学)．専門は鳥類の行動生態学，特に，婚姻システム・音声コミュニケーション．
編著書に『一夫多妻の鳥，ウグイス』『フィールドの観察から論文を書く方法』(ともに，文一総合出版)，『大都会に息づく照葉樹の森――自然教育園の生物多様性と環境』(共編，東海大学出版会)，『鳥の行動生態学』(分担執筆，京都大学学術出版会)ほか．

岩波 科学ライブラリー 276
「おしどり夫婦」ではない鳥たち

2018年8月24日　第1刷発行

著　者　濱尾章二(はまおしょうじ)

発行者　岡本　厚

発行所　株式会社 岩波書店
〒101-8002 東京都千代田区一ツ橋2-5-5
電話案内 03-5210-4000
http://www.iwanami.co.jp/

印刷 製本・法令印刷　カバー・半七印刷

ISBN 978-4-00-029676-2　Printed in Japan

●岩波科学ライブラリー〈既刊書〉

261 **オノマトペの謎** ピカチュウからモフモフまで
窪薗晴夫 編
本体一五〇〇円

日本語を豊かにしている擬音語や擬態語。スクスクとクスクスはどうして意味が違うの？ 外国語にもオノマトペはあるの？ モフモフはどうやって生まれたの？ 八つの素朴な疑問に答えながら、その魅力に迫ります。

262 **歌うカタツムリ** 進化とらせんの物語
千葉 聡
本体一六〇〇円

地味でパッとしないカタツムリだが、生物進化の研究においては欠くべからざる華だった。偶然と必然、連続と不連続……。行きつ戻りつしながらもじりじりと前進していく研究の営みと、カタツムリの進化を重ねた壮大な歴史絵巻。

263 **必勝法の数学**
徳田雄洋
本体一二〇〇円

将棋や囲碁で人間のチャンピオンがコンピュータに敗れる時代となってしまった。前世紀、必勝法にとりつかれた人々がはじめた研究をたどりながら、必勝法の原理とその数理科学・経済学・情報科学への影響を解説する。

264 **昆虫の交尾は、味わい深い…。**
上村佳孝
本体一三〇〇円

ワインの栓を抜くように、鯛焼きを鋳型で焼くように——!? 昆虫の交尾は、奇想天外・摩訶不思議。その謎に魅せられた研究者が、徹底した観察と実験で真実を解き明かしてゆく、サイエンス・エンタメノンフィクション！［袋とじ付］

265 **はしかの脅威と驚異**
山内一也
本体一二〇〇円

はしかは、かつてはありふれた病気で軽くみられがちだ。しかしエイズ同様、免疫力を低下させ、脳の難病を起こす恐ろしいウイルスなのだ。一方、はしかを利用した癌治療も注目されている。知られざるはしかの話題が満載。

266 鎌田浩毅
日本の地下で何が起きているのか
本体一四〇〇円

日本の地盤は千年ぶりの「大地変動の時代」に入った。内陸の直下型地震や火山噴火は数十年続き、二〇三五年には「西日本大震災」が迫る。市民の目線で本当に必要なことを、伝える技術を総動員して紹介。命を守る行動を説く。

267 小澤祥司
うつも肥満も腸内細菌に訊け!
本体一三〇〇円

腸内細菌の新たな働きが、つぎつぎと明らかにされている。つくり出した物質が神経やホルモンをとおして脳にも作用し、さまざまな病気や、食欲、感情や精神にまで関与する。あなたの不調も腸内細菌の乱れが原因かもしれない。

268 小山真人
ドローンで迫る　伊豆半島の衝突
カラー版　本体一七〇〇円

美しくダイナミックな地形・地質を約百点のドローン撮影写真で紹介。中心となるのは、伊豆半島と本州の衝突が進行し、富士山・伊豆東部火山群・箱根山・伊豆大島などの火山活動も活発な地域である。

269 諏訪兼位
岩石はどうしてできたか
本体一四〇〇円

泥臭いと言われつつ岩石にのめり込んで70年の著者とともにたどる岩石学の歴史。岩石の源は水かマグマか、この論争から出発し、やがて地球史や生物進化の解明に大きな役割を果たし、月の探査に活躍するまでを描く。

270 岩波書店編集部編
広辞苑を3倍楽しむ　その2
カラー版　本体一五〇〇円

各界で活躍する著者たちが広辞苑から選んだ言葉を話のタネに、科学にまつわるエッセイと美しい写真で描きだすサイエンス・ワールド。第七版で新しく加わった旬な言葉についての書下ろしも加えて、厳選の50連発。

定価は表示価格に消費税が加算されます。二〇一八年八月現在

● 岩波科学ライブラリー〈既刊書〉

271 廣瀬雅代、稲垣佑典、深谷肇一
サンプリングって何だろう
統計を使って全体を知る方法
本体一二〇〇円
ビッグデータといえども、扱うデータはあくまでも全体の一部だ。その一部のデータからなぜ全体がわかるのか。データの偏りは避けられるのか。統計学のキホンの「キ」であるサンプリングについて徹底的にわかりやすく解説する。

272 虫明 元
学ぶ脳
ぼんやりにこそ意味がある
本体一二〇〇円
ぼんやりしている時に脳はなぜ活発に活動するのか？　脳ではいくつものネットワークが状況に応じて切り替わりながら活動している。ぼんやりしている時、ネットワークが再構成され、ひらめきが生まれる。脳の流儀で学べ！

273 イアン・スチュアート　訳 川辺治之
無限
本体一五〇〇円
取り扱いを誤ると、とんでもないパラドックスに陥ってしまう無限を、数学者はどう扱うのか。正しそうでもあり間違ってもいそうな9つの例を考えながら、算数レベルから解析学・幾何学・集合論まで、無限の本質に迫る。

274 松沢哲郎
分かちあう心の進化
本体一八〇〇円
今あるような人の心が生まれた道すじを知るために、チンパンジー、ボノボに始まり、ゴリラ、オランウータン、霊長類、哺乳類……と比較の輪を広げていこう。そこから見えてきた言語や芸術の本質、暴力の起源、そして愛とは。

275 松本 顕
時をあやつる遺伝子
本体一三〇〇円
生命にそなわる体内時計のしくみの解明。ショウジョウバエを用いたこの研究は、分子行動遺伝学の劇的な成果の一つだ。次々と新たな技を繰り出し一番乗りを争う研究者たち。ノーベル賞に至る研究レースを参戦者の一人がたどる。

定価は表示価格に消費税が加算されます。二〇一八年八月現在